四川省工程建设地方标准

四川省民用建筑太阳能热水系统评价标准

Evaluation Standard for Solar Water Heating System of Civil Buildings in Sichuan Province

DBJ51/T 039－2015

主编单位：西　南　交　通　大　学
批准部门：四 川 省 住 房 和 城 乡 建 设 厅
施行日期：2 0 1 5 年 8 月 1 日

西南交通大学出版社

2015　成　都

图书在版编目（CIP）数据

四川省民用建筑太阳能热水系统评价标准 / 西南交通大学主编. —成都：西南交通大学出版社，2015.7
（四川省工程建设地方标准）
ISBN 978-7-5643-4064-3

Ⅰ. ①四… Ⅱ. ①四… Ⅲ. ①民用建筑 – 太阳能水加热器 – 热水供应系统 – 设计标准 – 四川省 Ⅳ. ①TK515-65

中国版本图书馆 CIP 数据核字（2015）第 167128 号

四川省工程建设地方标准

四川省民用建筑太阳能热水系统评价标准

主编单位　西南交通大学

责 任 编 辑　胡晗欣
封 面 设 计　原谋书装
出 版 发 行　西南交通大学出版社
（四川省成都市金牛区交大路 146 号）
发行部电话　028-87600564　028-87600533
邮 政 编 码　610031
网　　　址　http: //www.xnjdcbs.com
印　　　刷　成都蜀通印务有限责任公司
成 品 尺 寸　140 mm × 203 mm
印　　　张　3.625
字　　　数　92 千字
版　　　次　2015 年 7 月第 1 版
印　　　次　2015 年 7 月第 1 次
书　　　号　ISBN 978-7-5643-4064-3
定　　　价　31.00 元

各地新华书店、建筑书店经销

关于发布四川省工程建设地方标准《四川省民用建筑太阳能热水系统评价标准》的通知

川建标发〔2015〕405号

各市州及扩权试点县住房城乡建设行政主管部门，各有关单位：

由西南交通大学主编的《四川省民用建筑太阳能热水系统评价标准》，已经我厅组织专家审查通过，现批准为四川省推荐性工程建设地方标准，编号为：DBJ51/T 039－2015，自2015年8月1日起在全省实施。

该标准由四川省住房和城乡建设厅负责管理，西南交通大学负责技术内容解释。

四川省住房和城乡建设厅

2015年5月22日

前　言

根据四川省住房和城乡建设厅《关于下达四川省工程建设地方标准〈四川省民用建筑太阳能热水系统评价标准〉编制计划的通知》（川建标发〔2013〕141号）的要求，标准编制组经广泛调查研究，认真总结经验，参考有关国际标准和国外先进技术经验，并在广泛征求意见的基础上，制定了本标准。

本标准共分8章和10个附录，主要技术内容包括：总则、术语、基本规定、系统与建筑集成评价、系统适用性能评价、系统安全性能评价、系统耐久性能评价和系统经济性能评价等。

本标准由四川省住房和城乡建设厅负责管理，西南交通大学负责具体技术内容的解释。执行过程中如有意见和建议，请寄送至西南交通大学机械工程学院（地址：四川省成都市金牛区二环路北一段111号；邮政编码：610031；邮箱：ypyuan@home.swjtu.edu.cn）。

本标准主编单位：西南交通大学
本标准参编单位：重庆大学
中国建筑西南设计研究院有限公司
中誉远发国际建设集团有限公司
山东力诺瑞特新能源有限公司

本标准主要起草人员：袁艳平　孙亮亮　肖益民
杨　玲　曹晓玲　杨元伟
余南阳　马保林　高庆龙
杨晓娇　詹　凯　袁中原
雷　波　王云贵　姚　盼

本标准主要审查人：徐斌斌　王　洪　章一萍
刘朝贤　唐　明　李宇舟
陈佩佩

目　次

Contents

1 总 则

1.0.1 为贯彻实施能源节约和环境保护，推进在建筑上利用太阳能热水系统，规范民用建筑太阳能热水系统的评价，制定本标准。

1.0.2 本标准适用于评价新建、改建和扩建民用建筑太阳能热水系统，以及在既有民用建筑上增设、改造的太阳能热水系统。

1.0.3 应遵循因地制宜的原则，充分结合四川省建筑类型及不同地域的太阳能资源、自然环境、经济发展水平、社会习俗等特点进行评价。

1.0.4 民用建筑太阳能热水系统的评价，除应符合本标准外，尚应符合国家现行有关标准的规定。

2 术 语

2.0.1 太阳能热水系统 solar water heating system

太阳能热水系统是将太阳能转换成热能以加热水的系统装置。包括太阳能集热器、贮水箱、泵、连接管道、支架、控制系统和必要时配合使用的辅助能源。

2.0.2 太阳能热水系统与建筑集成 integration of SWH systems with building

在建筑上安装太阳能热水系统时，将太阳能技术与建筑技术结合，做到与建筑协调统一，使建筑保持统一和谐的外观。

2.0.3 日照标准 insolation standards

根据建筑物所处的气候区、城市大小和建筑物的使用性质决定的，在规定的日照标准日（冬至日或大寒日）有效日照时间范围内，以底层窗台面为计算起点的建筑外窗获得的日照时间。

2.0.4 平屋面 plane roof

平屋面是坡度小于10°的建筑屋面。

2.0.5 坡屋面 sloping roof

坡度大于等于10°且小于75°的建筑屋面。

2.0.6 系统适用性能 system applicability

由太阳能热水系统的系统设计和设备配置所决定的适合用户使用的性能。

2.0.7 太阳能保证率 solar fraction

太阳能供热水、采暖或空调系统中由太阳能供给的能量占系统总消耗能量的百分率。

2.0.8 集中供热水系统 collective hot water supply system

采用集中的太阳能集热器和集中的贮水箱供给一幢或几幢建筑物所需热水的系统。

2.0.9 集中-分散供热水系统 collectice-individual hot water supply system

采用集中的太阳能集热器和分散的贮水箱供给一幢建筑物所需热水的系统。

2.0.10 直接系统 direct system

在太阳能集热器中直接加热水供给用户的太阳能热水系统。

2.0.11 间接系统 indirect system

在太阳能集热器中加热某种传热工质，再使该传热工质通过换热器加热水供给用户的太阳能热水系统。

2.0.12 空晒 expousure

集热器在其内部不注入传热工质而只有非机械驱动的空气条件下接受太阳辐射的状态。

2.0.13 闷晒 stagnation

集热器在其内部传热工质无输入和输出条件下接受太阳辐射的状态。

2.0.14 日有用得热量 daily useful energy gain

在一定太阳辐照量和气候条件下，太阳能热水系统一天中单位集热器面积贮水箱内水得到的热量。

3 基本规定

3.1 基本要求

3.1.1 太阳能热水系统的评价应以建筑单体和建筑群体为对象。对建筑群体进行太阳能热水系统评价时，已安装集热器面积应达到设计总安装面积的80%。

3.1.2 对类型相同或类型不同的太阳能热水系统，当系统规模、集热器安装方式、位置、朝向、安装倾角等有较大差异时，均应以随机方式，按一定比例抽样检查。

3.1.3 申请评价方应按本标准的要求，对太阳能热水系统的设计、安装和验收进行过程控制，并应提供相关技术文件。各责任方应按本标准的要求，完成各过程控制报告。

3.1.4 民用建筑太阳能热水系统评价应分 5 个评价指标体系。评价方应按本标准规定的方法和设定的指标，使用本标准附录A～附录E所列的评价指标进行打分，并应使用本标准附录F进行汇总。

3.1.5 在评价前，申请评价单位应提交工程设计资料、工程验收资料和运行使用记录，并应符合本标准附录G的规定。

3.2 评价与等级划分

3.2.1 太阳能热水系统的评价指标体系应由系统与建筑集成、系统适用性能、系统安全性能、系统耐久性能和系统经济性能5个评价指标体系组成。每个评价指标体系应包括控制项、一般项与优选项3个分项指标。

3.2.2 进行太阳能热水系统评价时，应先审查是否满足控制项的各项指标。控制项指标满足要求后，再进行一般项和优选项的评价。

3.2.3 本标准评价指标中每个子项的评分结果，对不分档打分的子项，应分为得分和不得分两种。对分档打分的子项应以罗马数字Ⅰ、Ⅱ、Ⅲ区分不同的评分要求，较低档的分值应以括弧（ ）表示。当同一条目中当包含多项要求时，应全部满足才能得分。凡前提条件与子项规定的要求无关时，该子项可直接得分。

3.2.4 本标准中，各评价项目的最终得分，为本组专家评分的平均值。评价指标中5个评价指标体系及分值设定应符合表3.2.4的规定。

表3.2.4 评价指标体系及分值设定

项 目	分 值		总 分
系统与建筑集成（180分）	一般项	150	690
	优选项	30	
系统适用性能（130分）	一般项	115	
	优选项	15	
系统安全性能（150分）	一般项	120	
	优选项	30	
系统耐久性能（120分）	一般项	116	
	优选项	4	
系统经济性能（110分）	一般项	85	
	优选项	25	

3.2.5 控制项全部合格，根据一般项和优选的评价总分判断评价等级。评价等级判定应符合表3.2.5的规定。

表3.2.5 评价等级设定

评价等级	得分范围
“A”级	415分≤评价总分<500分
“AA”级	500分≤评价总分<585分
“AAA”级	评价总分≥585分

4　系统与建筑集成评价

4.1　一般规定

4.1.1　系统与建筑集成的评价，应包括规划与室外环境、建筑设计、结构设计、给水排水设计和电气设计等5个评价项目，满分为180分，其中一般项150分，优选项30分。

4.1.2　系统与建筑集成评价指标应符合本标准附录A的规定。

4.2　规划与室外环境

4.2.1　规划与室外环境的评价，应包括建筑布局、建筑朝向、空间组合、辅助能源配置、环境景观、规划内容和计算机模拟计算等9个子项，满分为30分，其中一般项25分，优选项5分。

Ⅰ　控　制　项

4.2.2　规划设计应因地制宜，合理利用当地的自然资源和气候条件。新建、改建、扩建建筑应为设计安装、使用维护太阳能热水系统提供合理、便利的基础条件。在既有建筑上设计安装的太阳能热水系统应不影响当地日照标准要求。

Ⅱ　一　般　项

4.2.3　一般项的评价应包括下列内容：

1 建筑朝向；

2 建筑体型与空间组合；

3 辅助能源配置；

4 环境景观。

4.2.4 安装太阳能热水系统的建筑，主要朝向宜为南向。

4.2.5 太阳能集热器与遮光物或集热器前后排之间的距离，应使集热器不受遮挡或遮挡不严重。

4.2.6 太阳能热水系统宜结合当地能源供应配置辅助能源加热设备。

4.2.7 建筑体型和空间组合应能接收较多的太阳辐射量。在进行环境景观设计时应避免对太阳能集热器的遮挡。

Ⅲ 优 选 项

4.2.8 规划设计宜包括太阳能热水系统的完整内容。

4.2.9 规划设计时，宜对照射在太阳能集热器的太阳辐射进行模拟计算，避免对集热器造成遮挡。

4.3 建筑设计

4.3.1 建筑设计的评价，应包括合理确定太阳能热水系统各组成部件在建筑中的位置，系统与建筑一体化，系统在屋顶、阳台、墙面等建筑部位的安装要求，建筑部位的防水、排水和系统安装与检修的要求及建筑设计文件等 24 个子项，满分为 60 分，其中一般项 54 分，优选项 6 分。

Ⅰ 控制项

4.3.2 太阳能热水系统主要组成部件在建筑中的位置应合理，且满足使用维护和安全防护要求。

4.3.3 太阳能集热器安装在平屋面、坡屋面、阳台、墙面或其他建筑部位应与建筑主体结构连接牢固，做好防水、密封和排水措施。

4.3.4 在建筑物上设计安装太阳能热水系统，不应影响建筑物的消防疏散通道。

Ⅱ 一般项

4.3.5 一般项的评价应包括下列内容：

1 系统应与建筑外观色调协调一致；

2 安装太阳能集热器的建筑部位应采取安全防护措施；

3 太阳能集热器单体不应跨越建筑变形缝；

4 太阳能集热器与建筑所在部位应固定牢固，并应采取防水密封措施；

5 太阳能集热器与建筑结合处应排水通畅；

6 贮水箱位置应适宜，严寒和寒冷地区贮水箱应放置在室内，并应满足防水、安装和检修要求；

7 入户管路应有组织布置，且管外应有保温措施；

8 建筑设计文件应有集热器、贮水箱、预埋件位置和详图。

4.3.6 太阳能热水系统与建筑应技术集成，并应根据建筑类型和使用要求合理确定太阳能热水系统在建筑中的位置。

4.3.7 安装在阳台和墙面的太阳能集热器，应采取防护措施，避免集热器破损或坠落伤人。

4.3.8 系统管路宜布置在管道井内，热水管路及室外管路应采取有效保温措施。管路保温应满足现行国家标准《太阳能热水系统设计、安装及工程验收技术规范》GB/T 18713的有关规定。

4.3.9 建筑设计应有集热器和贮水箱布置图及安装节点详图、管道井位置图、预留孔洞及预埋件位置及大样图。

4.3.10 集热器的朝向宜为正南、南偏东或南偏西不大于30°。

4.3.11 集热器倾角宜与附录J的推荐值一致，并应符合下列规定：

1 当系统侧重在冬季或夏季使用时，其倾角可适当增减；

2 全玻璃真空管集热器东西向水平放置的集热器倾角可适当增减。

Ⅲ 优选项

4.3.12 建筑设计宜对屋面坡度和管道井的位置有明确规定。

4.3.13 屋面坡度宜满足太阳能集热器接收太阳辐射的最佳倾角要求（见附录J）。

4.4 结构设计

4.4.1 结构设计的评价，应包括太阳能热水系统与建筑主体结构或构件的连接、在既有建筑上安装太阳能热水系统的安全复核和结构设计荷载等10个子项，满分为20分，其中一般项16分，优选项4分。

Ⅰ 控 制 项

4.4.2 太阳能热水系统应与建筑结构主体连接牢固。

4.4.3 建筑的主体结构或结构构件应能承受太阳能热水系统的荷载。

4.4.4 轻质填充墙上安装太阳能集热器应采取措施保证其承载能力。

4.4.5 既有建筑上增设或改造太阳能热水系统应经结构复核，满足安全要求。

Ⅱ 一 般 项

4.4.6 一般项的评价应包括下列内容:

1 预埋件位置应准确，其规格、尺寸满足设计要求；

2 穿墙管线位置；

3 结构设计文件。

4.4.7 预埋件应在主体结构施工时埋设，位置应准确。

4.4.8 既有建筑安装太阳能热水系统时，管线不应穿越梁、柱。

4.4.9 结构设计应有预埋件位置及大样图。

Ⅲ 优 选 项

4.4.10 在非地震区应计算太阳能热水系统的重力荷载和风荷载，在地震区除应计算太阳能热水系统的重力荷载和风荷载外，还应计算地震效应作用。

4.5 给水排水设计

4.5.1 给水排水设计的评价应包括太阳能热水系统设计、管路布置、安装计量装置、水质处理等 18 个子项，满分为 54 分，其中一般项 42 分，优选项 12 分。

Ⅰ 控 制 项

4.5.2 太阳能热水系统设计和设备、管路布置应符合现行国家标准《建筑给水排水设计规范》GB 50015 的有关规定。

4.5.3 太阳能热水系统的循环管路应有 0.3%~0.5%的坡度。

4.5.4 在自然循环系统中，应使循环管路朝贮水箱方向有向上坡度，且不应有反坡。

4.5.5 在有水回流的防冻系统中，管路的坡度应使系统中的水自动回流，不应积存。

4.5.6 在间接系统的循环管路上，应设膨胀箱。在闭式间接系统的循环管路上，还应设有压力安全阀和压力表，不应设有单向阀和其他可关闭的阀门。

Ⅱ 一 般 项

4.5.7 一般项的评价应包括下列内容：

1 太阳能集热器面积的确定；

2 太阳能热水系统管路的布置；

3 计量装置的设置。

4.5.8 太阳能集热器面积应根据热水用量、建筑允许的安装面积、当地的气象条件、供水水温等因素综合确定。

4.5.9 集热器之间应按“同程原则”连接成集热器阵列。

4.5.10 热水系统的管路应有组织布置，不得穿越其他用户的室内空间，且竖向管路应布置在竖向管道井内。

4.5.11 在既有建筑上增设或改造太阳能热水系统时，管路布置不得影响建筑使用功能及外观。

4.5.12 太阳能热水系统的循环管路应有补偿管路热胀冷缩的措施。

4.5.13 在循环管路中，易气塞的位置应设有排气阀；需要防冻排空和回流的系统应设有吸气阀；在需要防冻排空管路的最低点及易积存的位置应设有排泄阀。

4.5.14 在开式直接系统的循环管路上，宜设有防止传热工质夜间倒流的单向阀。

4.5.15 循环管路应短且少拐弯，绕行的管路应是冷水管或低温水管。

Ⅲ 优 选 项

4.5.16 优选项的评价应包括下列内容：

1 水质处理；

2 太阳能提供的热量在建筑能耗中占的比例；

3 监测系统节能和环保效益的计量装置。

4.5.17 太阳能热水系统的给水应对超过标准的原水做软化处理。

4.5.18 太阳能热水系统宜安装用于系统节能和环保效益的监测装置。

4.5.19 在太阳能热水系统中，宜采用顶水法获取热水。

4.5.20 太阳能热水系统采用的泵、阀等应采取减振、降噪和防水击措施。

4.5.21 直流式系统宜采用定温控制方式运行。

4.6 电气设计

4.6.1 电气设计的评价应包括电气设计、用电回路、剩余电流防护、防雷设计安全措施和自动控制系统等 8 个子项，满分为 16 分，其中一般项 13 分，优选项 3 分。

Ⅰ 控 制 项

4.6.2 太阳能热水系统的电气设计应满足系统用电负荷和运行安全要求。

4.6.3 太阳能热水系统使用的电气设备应有剩余电流保护和接地等安全措施。

4.6.4 太阳能热水系统应有防雷设施。

4.6.5 既有建筑屋面安装太阳能热水系统应加设避雷设施，并应确保与集热器的安全距离。

4.6.6 水泵应做好接地保护，安装在室外的水泵应有防雷保护措施。

Ⅱ 一 般 项

4.6.7 一般项的评价应包括下列内容:

1 专用供电回路;

2 管线敷设;

3 防雷设施;

4 既有建筑加设避雷设施;

5 有电气线路布置图。

4.6.8 有电辅助加热设备的太阳能热水系统应设专用供电回路。

4.6.9 太阳能热水系统电气控制线路应穿管暗设，或在管道井敷设。

4.6.10 电气设计应有电气线路布置图。

Ⅲ 优 选 项

4.6.11 太阳能热水系统宜设置智能控制系统。

5 系统适用性能评价

5.1 一般规定

5.1.1 太阳能热水系统适用性能的评价，应包括供水能力和供水品质等2个评价项目，满分为130分，其中一般项115分，优选项15分。

5.1.2 系统适用性能评价指标应符合本标准附录B的规定。

5.2 供水能力

5.2.1 太阳能热水系统供水能力的评价，应包括供热水量、供热水温、供热水压、集热器面积、水箱容积、热水计量、辅助热源供热量和太阳能保证率等11个子项，满分为90分，其中一般项80分，优选项10分。

Ⅰ 控制项

5.2.2 太阳能热水系统的供热水量、水温和水压应符合现行国家标准《建筑给水排水设计规范》GB 50015的有关规定。

5.2.3 太阳能热水系统不同资源区的太阳能保证率应符合表5.2.3的规定。

表 5.2.3 不同资源区的太阳能保证率

资源区划	年太阳辐照量 /[MJ/(m² · a)]	太阳能保证率 /%
Ⅰ 资源丰富区	≥6 700	≥60
Ⅱ 资源较富区	5 400 ~ 6 700	≥50
Ⅲ 资源一般区	4 200 ~ 5 400	≥40
Ⅳ 资源贫乏区	< 4 200	≥30

5.2.4 太阳能热水系统的贮水箱数量和容积配置应符合国家现行有关标准的规定。

5.2.5 太阳能热水系统应安装热水计量装置。

Ⅱ 一 般 项

5.2.6 太阳能热水系统不同资源区的太阳能保证率宜符合表5.2.6 的规定。

表 5.2.6 不同资源区的太阳能保证率

资源区划	年太阳辐照量 /[MJ/(m² · a)]	太阳能保证率 /%
Ⅰ 资源丰富区	≥6 700	≥70
Ⅱ 资源较富区	5 400 ~ 6 700	≥55
Ⅲ 资源一般区	4 200 ~ 5 400	≥45
Ⅳ 资源贫乏区	< 4 200	≥35

5.2.7 太阳能热水系统宜安装用于计量热水耗热量的装置。

Ⅲ 优 选 项

5.2.8 太阳能集中供热水系统宜设置不少于两套的辅助热源设备。

5.2.9 太阳能热水系统宜分别安装用于计量太阳能集热量和热水耗热量的装置。

5.3 供水品质

5.3.1 太阳能热水系统供水品质的评价应包括供水水质、系统控制和保温措施等 4 个子项，满分为 40 分，其中一般项 35 分，优选项 5 分。

Ⅰ 控 制 项

5.3.2 太阳能热水系统热水水质的卫生指标，应符合现行国家标准《生活饮用水卫生标准》GB 5749 的有关规定。

5.3.3 太阳能热水系统应设置太阳能集热系统工作运行的自动控制、集热系统和辅助热源补充或替代工作运行的自动切换控制。

Ⅱ 一 般 项

5.3.4 太阳能热水系统在交付使用后，应符合设计文件的规定温度。设计文件无明确规定时，供水温度范围应为 45 °C ~ 60 °C。

Ⅲ 优 选 项

5.3.5 太阳能热水系统宜有保证支管中热水温度的措施。

6 系统安全性能评价

6.1 一般规定

6.1.1 太阳能热水系统安全性能的评价，应包括设备安全、运行安全和安全防护措施等3个评价项目，满分为150分，其中一般项125分，优选项25分。

6.1.2 系统安全性能评价指标应符合本标准附录C的规定。

6.2 设备安全

6.2.1 系统设备安全的评价，应包括集中供水太阳能热水系统中设备的安全性能、抗雪荷载、抗冰雹和抗震能力等9个子项，满分为50分，其中一般项40分，优选项10分。

Ⅰ 控 制 项

6.2.2 太阳能热水系统中使用的太阳能集热器应符合国家现行有关标准规定的安全性能技术要求，并应有通过法定质检机构检测的合格证书。

6.2.3 构成建筑物屋面、阳台和墙面的集热器，其刚度、强度、热工性能、锚固、防护功能等均应满足建筑围护结构的设计要求。

6.2.4 架空在建筑物屋面上及附着在阳台和墙面上的集热器，应具有足够的承载能力、刚度、稳定性及相对于主体结构的位移能力。

Ⅱ 一般项

6.2.5 太阳能热水系统中使用的太阳能集热器和支架应有抗雪荷载能力。

6.2.6 太阳能热水系统中使用的太阳能集热器和支架应有抗冰雹能力。

6.2.7 太阳能热水系统中设置在室外的贮水箱应有抗风荷载能力。

6.2.8 太阳能热水系统中使用的传感器应能承受集热器的最高空晒温度。

6.2.9 选择太阳能集热器的耐压要求应与系统的工作压力相匹配。

Ⅲ 优选项

6.2.10 严寒地区安装的太阳能热水系统，系统中室外使用的部件宜在当地极端低温条件下有耐冻能力。

6.3 运行安全

6.3.1 系统运行安全的评价，应包括系统耐压、系统防冻、系统过热保护和系统电气安全性能等12个子项，满分为70分，其中一般项60分，优选项10分。

Ⅰ 控制项

6.3.2 太阳能热水系统应能承受系统设计所规定的工作压力，并应通过水压试验的检验。

6.3.3 在当地最低环境温度低于5 °C的地区应对太阳能热水系统采用有效的防冻措施。

6.3.4 太阳能热水系统应设置过热保护措施。

6.3.5 太阳能热水系统对通过安全阀等部件排放的热水或蒸汽进行过热保护时，不得对人员安全造成危险。

6.3.6 使用防冻液进行防冻的太阳能热水系统，防冻液的凝固点应低于系统使用期内的最低环境温度。

6.3.7 太阳能热水系统中的内置辅助加热系统应带有保证使用安全的装置。

Ⅱ 一 般 项

6.3.8 采用排空或排回防冻措施的太阳能热水系统，其系统管路的设计安装坡度应能保证集热系统的水能完全排空或排回室内贮水箱。

6.3.9 使用防冻液进行防冻的太阳能热水系统，防冻液应能承受太阳能集热器的最高闷晒温度，并不应因高温影响而变质。

6.3.10 提供给用户的使用说明书中应有提示用户防止烫伤的说明。

6.3.11 用于系统排水的自动温控装置应具有防冻功能。

Ⅲ 优 选 项

6.3.12 提供给用户的说明书中宜有防冻、防过热控制系统的使用说明。

6.4 安全防护措施

6.4.1 系统安全防护措施的评价，应包括防风措施、防热水渗漏措施、防部件坠落伤人措施和接地措施等 8 个子项，满分为 30 分，其中一般项 25 分，优选项 5 分。

Ⅰ 控 制 项

6.4.2 太阳能热水系统安装在室外部分应采取抗风措施。

6.4.3 太阳能热水系统中使用的太阳能集热器和支架应结合建筑物的抗震等级采取相应的防震措施。

6.4.4 安装在建筑上或直接构成围护结构的太阳能集热器，应有防止热水渗漏的安全保障措施。

6.4.5 在安装太阳能集热器的建筑部位，应设置防止太阳能集热器损坏后部件坠落伤人的安全防护措施。

6.4.6 支承太阳能热水系统的钢结构支架应与建筑物接地系统可靠连接。

Ⅱ 一 般 项

6.4.7 太阳能热水系统安装在室外的部件应具有抵御当地历史最大风荷载的能力。

6.4.8 建筑设计应预留保护安装、维修人员进行作业时能够安全操作的装置或设施。

Ⅲ 优 选 项

6.4.9 既有建筑上安装的太阳能热水系统，应按现行国家标准《建筑物防雷设计规范》GB 50057 的有关规定增设防雷措施。

7 系统耐久性能评价

7.1 一般规定

7.1.1 太阳能热水系统耐久性能的评价，应包括与主体结构施工、主要设备安装、辅助设备安装等3个评价项目，满分为120，其中一般项116分，优选项4分。

7.1.2 系统耐久性能评价指标应符合本标准附录D的规定。

7.2 与主体结构施工

7.2.1 太阳能热水系统与主体结构施工的评价，应包括不损坏原建筑物结构、承受各种荷载能力、不破坏屋面防水层、集热器支架固定牢靠、集热器支架基座做防水处理、预埋件与贮水箱基座之间填实和预埋件涂防腐涂料等7个子项，满分为40分，其中一般项40分。

Ⅰ 控 制 项

7.2.2 系统应具有在建筑物设计使用年限内承受各种荷载的能力。

7.2.3 系统安装不应破坏屋面防水层和建筑物的附属设施。

7.2.4 集热器支架和贮水箱底座的刚度、强度、防腐蚀性能均应满足安全要求。

Ⅱ 一 般 项

7.2.5 集热器支架应按设计要求安装在主体结构上，并应位置准确、与主体结构固定牢靠。

7.2.6 集热器支架的基座完工后，应做防水处理，并应符合现行国家标准《屋面工程质量验收规范》GB 50207 的有关规定。

7.2.7 预埋件与贮水箱基座之间的空隙，应采用细石混凝土填捣密实，并应采取热桥阻断措施。

7.2.8 钢基座及混凝土基座顶面的预埋件，在系统安装前应涂防腐涂料，并应妥善保护。

7.3 主要设备安装

7.3.1 太阳能热水系统主要设备安装的评价，应包括集热器产品性能、集热器与支架固定、贮水箱安装位置、贮水箱与底座固定、贮水箱内胆接地处理、集热器材料使用寿命、贮水箱材料使用寿命、贮水箱保温、产品合格证等 12 个子项，满分为 48 分，其中一般项 48 分。

Ⅰ 控 制 项

7.3.2 集热器产品性能应符合现行国家标准《真空管型太阳能集热器》GB/T 17581 和《平板型太阳能集热器》GB/T 6424 的有关规定。

7.3.3 太阳能热水系统的部件、配件、材料及其性能等均应符合设计要求，且产品合格证齐全。

7.3.4 钢板焊接的贮水箱，水箱内、外壁均应按设计要求做防腐处理，内壁防腐涂料应卫生、无毒，不危及人体健康，且能承受所贮存热水的最高温度。

Ⅱ 一 般 项

7.3.5 集热器所用材料应坚固耐用，设计使用年限不应少于10年。

7.3.6 集热器与集热器之间的连接应密封可靠、无泄漏、无扭曲变形，并应有适应温度变化的措施。

7.3.7 集热器保温材料应填塞严实，无明显变形，无发霉、变质或释放污染物的现象。

7.3.8 太阳能热水系统使用的金属管道材质应和建筑给水管道材质匹配，并应与系统的传热工质相容，内壁不发生腐蚀。

7.3.9 贮水箱材料应坚固耐用，设计使用年限不应少于10年。

7.3.10 贮水箱保温应在检漏试验合格后进行。水箱保温应符合现行国家标准《工业设备及管道绝热工程施工质量验收规范》GB 50185的有关规定。

7.3.11 贮水箱与其底座之间应设有隔热垫，并不宜直接刚性连接。

7.3.12 钢结构支架表面应做防腐处理。防腐施工应符合现行国家标准《建筑防腐蚀工程施工及验收规范》GB 50212和《建筑防腐蚀工程施工质量验收规范》GB 50224的有关规定。

7.4 辅助设备安装

7.4.1 太阳能热水系统辅助设备安装的评价，应包括电热管安装、电缆线路施工、电气设施安装、电气设备接地处理、钢结构支架焊接、管路安装、管路保温、水泵安装、电磁阀安装、供热锅炉安装等 15 个子项，满分为 32 分，其中一般项 28 分，优选项 4 分。

Ⅰ 控 制 项

7.4.2 太阳能热水系统中直接加热的电热管安装应符合现行国家标准《建筑电气工程施工质量验收规范》GB 50303 的有关规定。

7.4.3 电缆线路施工应符合现行国家标准《电气装置安装工程电缆线路施工及验收规范》GB 50168 的有关规定。

7.4.4 其他电气设施的安装应符合现行国家标准《建筑电气工程施工质量验收规范》GB 50303 的有关规定。

7.4.5 所有电气设备及与电气设备相连接的金属部件应做接地处理。电气接地装置的施工应符合现行国家标准《电气装置安装工程接地装置施工及验收规范》GB 50169 的有关规定。

7.4.6 支架及其材料应符合设计要求。钢结构支架的焊接应符合现行国家标准《钢结构工程施工质量验收规范》GB 50205 的有关规定。

Ⅱ 一 般 项

7.4.7 太阳能热水系统的管路安装应符合现行国家标准《建筑给水排水及采暖工程施工质量验收规范》GB 50242 的有关规定。

7.4.8 承压管路和设备应做水压试验；非承压管路和设备应做灌水试验。当设计未注明时，水压试验和灌水试验应按现行国家标准《建筑给水排水及采暖工程施工质量验收规范》GB 50242 的有关规定进行。

7.4.9 管路保温应在水压试验合格后进行，保温施工应符合现行国家标准《工业设备及管道绝热工程施工质量验收规范》GB 50185 的有关规定。

7.4.10 水泵应按照生产厂规定的方式安装，并应符合现行国家标准《压缩机、风机、泵安装工程施工及验收规范》GB 50275 的有关规定。水泵周围应留有检修空间，并应做好接地保护。

7.4.11 安装在室外的水泵，严寒地区和寒冷地区必须采取防冻措施。

7.4.12 水泵、电磁阀、阀门等的安装方向应正确，不得反向安装，并应便于更换。

7.4.13 电磁阀应水平安装，阀前应加装细网过滤器，阀后应加装调压作用明显的截止阀。

7.4.14 供热锅炉及辅助设备的安装应符合现行国家标准《建筑给水排水及采暖工程施工质量验收规范》GB 50242 的有关规定。

7.4.15 集热器支架和贮水箱底座的焊接应按设计要求进行，并应符合现行国家标准《钢结构工程施工质量验收规范》GB 50205 的有关规定。

Ⅲ 优选项

7.4.16 安装在室外的水泵，宜采取妥当的防雨和防晒保护措施。

8 系统经济性能评价

8.1 一般规定

8.1.1 太阳能热水系统经济性能的评价，应包括节能、节水、节地等 3 个评价项目，满分为 110 分，其中一般项 80 分，优选项 30 分。

8.1.2 系统经济性能评价指标应符合本标准附录 E 的规定。

8.2 节 能

8.2.1 太阳能热水系统节能的评价，应包括集热效率、贮水箱热损因数、投资回收期、辅助加热设备运行方式、供热水管路保温、供电回路电计量装置、辅助加热设备控制模式等 9 个子项，满分为 60 分，其中一般项 46 分，优选项 14 分。

Ⅰ 控 制 项

8.2.2 太阳能热水系统的集热效率应符合现行国家标准《可再生能源建筑应用工程评价标准》GB/T 50801 规定的方法进行检验。

8.2.3 贮水箱的热损因素应符合现行国家标准《可再生能源建筑应用工程评价标准》GB/T 50801 规定的方法进行检验。

Ⅱ 一 般 项

8.2.4 太阳能热水系统按节能计算的投资回收期不应超过系

统主要部件的正常使用年限。

8.2.5 太阳能热水系统的集热效率应不小于 42%。

8.2.6 贮水箱的热损因素不应大于 30 W/（m^3·K）。

8.2.7 辅助能源加热设备应在保证太阳能集热系统优先、充分工作的前提下运行。

8.2.8 系统供热水管路的保温应符合现行国家标准《工业设备及管道绝热工程施工质量验收规范》GB 50185 的有关规定。

Ⅲ 优 选 项

8.2.9 系统的供电回路宜根据具体情况，设有电计量装置。

8.2.10 辅助能源加热设备宜设计为智能模式。

8.2.11 按系统的理论全年得热量及当地电价计算，在太阳能资源丰富区，其简单投资回收期宜在 5 年以内，资源较丰富区宜在 8 年以内，资源一般区宜在 10 年以内，资源贫乏区宜在 15 年以内。

8.3 节 水

8.3.1 太阳能热水系统节水的评价，应包括供水排水系统、避免管路漏水、热水供应管路中热水循环、冷热水计量装置、设置节水龙头等 8 个子项，满分为 36 分，其中一般项 26 分，优选项 10 分。

Ⅰ 控 制 项

8.3.2 太阳能热水系统应设置合理、完善的供水、排水系统。

8.3.3 集中供热水系统应设置热水回水管路，热水供应管路应保证干管和立管中的热水循环。

Ⅱ 一 般 项

8.3.4 集中-分散供热水系统应设置热水回水管路，热水供应管路应保证干管和立管中的热水循环。

8.3.5 设置贮水箱的直流式系统应有隔日剩余水利用的技术措施。

8.3.6 系统应根据具体情况，设有冷、热水计量装置。

Ⅲ 优 选 项

8.3.7 公共建筑中的集中供热水系统根据具体情况，宜设有延时自闭龙头、感应自闭龙头等节水龙头。

8.3.8 集中-分散供热水系统应设置热水回水管路，热水供应管路宜保证支管中的热水循环。

8.4 节 地

8.4.1 太阳能热水系统节地的评价，应包括集热器不占用公共场地、贮水箱不占用公共场地、不加大建筑间距、合理确定建筑布局等 4 个子项，满分为 14 分，其中一般项 8 分，优选项 6 分。

Ⅰ 控 制 项

8.4.2 集热器应安装在建筑屋面、阳台、墙面等部位，不得占用建筑物周围的公共场地。

8.4.3 贮水箱应安装在建筑屋面、阳台、走廊、卫生间、阁楼间、地下室等处，不得占用建筑物周围的公共场地。

Ⅱ 一 般 项

8.4.4 集热器安装在阳台、墙面等部位的新建建筑，不应为避免相邻建筑的低层部位日照受遮挡而加大建筑间距。

Ⅲ 优 选 项

8.4.5 民用建筑应用的太阳能热水系统，应综合场地条件、建筑功能、周围环境等因素，并应在符合太阳能热水系统设计和安装要求的前提下，合理确定建筑布局、朝向、间距、群体组合和空间环境等。

附录 A 系统与建筑集成评价

表 A 系统与建筑集成评价指标（180 分）

<table>
<tr><th>评价项目及分值</th><th>分项及分值</th><th>子项序号</th><th colspan="2">定性定量指标</th><th>分值</th></tr>
<tr><td rowspan="17">规划与室外环境（30）</td><td rowspan="3">控制项</td><td>A01</td><td colspan="2">因地制宜，合理利用当地的自然资源和气候条件，满足系统的设计要求</td><td>—</td></tr>
<tr><td>A02</td><td colspan="2">建筑布局、间距、群体组合和空间环境满足系统设计和安装要求</td><td>—</td></tr>
<tr><td>A03</td><td colspan="2">在既有建筑上增设太阳能热水系统，不影响相邻建筑日照标准</td><td>—</td></tr>
<tr><td rowspan="10">一般项（25）</td><td rowspan="3">A04</td><td rowspan="3">建筑主要朝向利于接收太阳辐射</td><td>Ⅰ朝南与南偏东（或西）30°内</td><td>10</td></tr>
<tr><td>Ⅱ南偏东（或西）30°~60°内</td><td>（7）</td></tr>
<tr><td>Ⅲ偏东或偏西</td><td>（4）</td></tr>
<tr><td rowspan="3">A05</td><td rowspan="3">建筑形体和空间组合不受自身或树木遮挡</td><td>Ⅰ太阳能集热器满足≥6 h 的日照</td><td>8</td></tr>
<tr><td>Ⅱ太阳能集热器满足 5~6 h 的日照</td><td>（5）</td></tr>
<tr><td>Ⅲ太阳能集热器满足 4~5 h 的日照</td><td>（3）</td></tr>
<tr><td rowspan="3">A06</td><td rowspan="3">配置辅助能源加热设备</td><td>Ⅰ与当地能源供应状况结合很好</td><td>4</td></tr>
<tr><td>Ⅱ与当地能源供应状况结合好</td><td>（3）</td></tr>
<tr><td>Ⅲ与当地能源供应状况结合较好</td><td>（2）</td></tr>
<tr><td>A07</td><td colspan="2">环境景观避免对投射到太阳能集热器上的阳光造成遮挡</td><td>3</td></tr>
<tr><td rowspan="4">优选项（5）</td><td rowspan="3">A08</td><td rowspan="3">规划设计中有太阳能热水系统的设计内容</td><td>Ⅰ内容全面</td><td>3</td></tr>
<tr><td>Ⅱ内容较全面</td><td>（2）</td></tr>
<tr><td>Ⅲ内容不太全面</td><td>（1）</td></tr>
<tr><td>A09</td><td colspan="2">规划设计时，进行计算机模拟分析，避免对投射到太阳能集热器上的阳光造成遮挡</td><td>2</td></tr>
</table>

续表 A

评价项目及分值	分项及分值	子项序号	定性定量指标		分值
建筑设计（60）	控制项	A10	合理确定太阳能热水系统在建筑中的位置，并满足所在部位的防水、排水和系统检修要求		—
		A11	在安装太阳能热水系统的部位设置安全防护措施		—
		A12	安装太阳能热水系统应不影响屋顶的消防通道		—
	一般项（54）	A13	太阳能集热器规则有序、排列整齐、与建筑协调一致	Ⅰ与建筑外观、色彩协调一致和美观	8
				Ⅱ与建筑外观、色彩较协调一致	（6）
				Ⅲ与建筑外观协调一致	（3）
		A14	直接以太阳能集热器构成建筑围护结构时，满足所在部位的结构安全与建筑节能和建筑防护功能要求		3
		A15	太阳能集热器单体不跨越变形缝设置		3
		A16	太阳能集热器支架与建筑固定牢固，并在周围做防水密封处理		3
		A17	集热器安装在平屋面，周围有检修通道，并铺设保护层		3
		A18	坡屋面上的集热器顺坡镶嵌设置或顺坡架空设置		3
		A19	顺坡架空在坡屋面上的集热器与屋面间隙适宜	Ⅰ 间隙 < 100 mm	3
				Ⅱ 间隙为 100 ~ 120 mm	（2）
				Ⅲ 间隙 ≥ 120 mm	（1）
		A20	太阳能集热器镶嵌在坡屋面上，满足屋面的保温、隔热和防水要求		2
		A21	集热器与屋面结合处雨水排放通畅		2
		A22	集热器管道出屋面或墙面处理设防水套管，套管周围做密封处理		2
		A23	设置在墙面或阳台上的集热器与墙面或阳台上的预埋件连接牢固		2
		A24	贮水箱位置适宜		2

续表 A

<table>
<tr><th>评价项目及分值</th><th>分项及分值</th><th>子项序号</th><th colspan="2">定性定量指标</th><th>分值</th></tr>
<tr><td rowspan="11">建筑设计（60）</td><td rowspan="9">一般项（54）</td><td rowspan="2">A25</td><td rowspan="2">严寒和寒冷地区贮水箱安装在室内</td><td>Ⅰ 贮水箱在设备间或地下室且有防水措施，周围有安装、检修空间</td><td>3</td></tr>
<tr><td>Ⅱ 贮水箱在厨房或卫生间且有防水措施</td><td>（2）</td></tr>
<tr><td>A26</td><td colspan="2">入户管线有组织布置，管线外有保温措施</td><td>2</td></tr>
<tr><td>A27</td><td colspan="2">有集热器和贮水箱布置图及安装节点详图</td><td>2</td></tr>
<tr><td>A28</td><td colspan="2">有管道井位置及大样图</td><td>2</td></tr>
<tr><td>A29</td><td colspan="2">有预留孔洞位置及大样图、预埋件位置及锚固大样图等</td><td>2</td></tr>
<tr><td>A30</td><td colspan="2">集热器的朝向宜为正南、南偏东或南偏西不大于 30°</td><td>4</td></tr>
<tr><td>A31</td><td colspan="2">集热器倾角宜与附录 J 的推荐值一致</td><td>3</td></tr>
<tr><td>A32</td><td colspan="2">屋面坡度和管道井的位置有明确规定</td><td>3</td></tr>
<tr><td rowspan="2">优选项（6）</td><td>A33</td><td colspan="2">屋面坡度为太阳能集热器接收阳光的最佳倾角</td><td>3</td></tr>
<tr><td colspan="4"></td></tr>
<tr><td rowspan="10">结构设计（20）</td><td rowspan="4">控制项</td><td>A34</td><td colspan="2">建筑的主体结构或结构构件能承受太阳能热水系统的荷载和作用</td><td>—</td></tr>
<tr><td>A35</td><td colspan="2">为太阳能热水系统的安装埋设预埋件或连接件</td><td>—</td></tr>
<tr><td>A36</td><td colspan="2">轻质填充墙上安装太阳能集热器应采取措施保证其承载能力</td><td>—</td></tr>
<tr><td>A37</td><td colspan="2">在既有建筑上增设太阳能热水系统应经结构复核，满足安全要求</td><td>—</td></tr>
<tr><td rowspan="6">一般项（16）</td><td>A38</td><td colspan="2">有预留孔洞和预埋件位置及锚固大样图。预埋件外露部分做防腐处理</td><td>4</td></tr>
<tr><td rowspan="3">A39</td><td rowspan="3">预埋件在主体结构施工时埋没</td><td>Ⅰ 位置很准确</td><td>4</td></tr>
<tr><td>Ⅱ 位置较准确</td><td>（3）</td></tr>
<tr><td>Ⅲ 位置不准确</td><td>（1）</td></tr>
<tr><td>A40</td><td colspan="2">集热器与主体结构采用后加铆栓连接时，保证安全</td><td>4</td></tr>
<tr><td>A41</td><td colspan="2">穿墙管线不穿梁、柱处</td><td>4</td></tr>
</table>

续表 A

评价项目及分值	分项及分值	子项序号	定性定量指标	分值
结构设计（20）	优选项（4）	A42	地震设防区，结构设计计算太阳能集热器的重力荷载、风荷载和地震作用效应	2
		A43	非地震设防区，结构设计计算太阳能集热器的重力荷载和风荷载作用效应	2
给水排水设计（54）	控制项	A44	太阳能热水系统设计、设备、管路及附件的位置符合《建筑给水排水设计规范》GB 50015 的规定	—
		A45	太阳能热水系统的循环管路应有 0.3%～0.5% 的坡度	—
		A46	自然循环系统中，应使循环管路朝贮水箱方向有向上坡度，且不应有反坡	—
		A47	有水回流的防冻系统中，管路的坡度应使系统中的水自动回流	—
		A48	在间接系统的循环管路上，应设膨胀箱	—
	一般项（42）	A49	太阳能集热器面积根据热水用量、建筑允许的安装面积、当地的气候条件、供水水温等因素综合确定	7
		A50	集热器之间应按“同程原则”连接成集热器阵列	4
		A51	热水系统的管路有组织布置，并安全、隐蔽，易于检修	4
		A52	新建建筑热水系统的竖向管路布置在竖向管道内	4
		A53	循环管路应有补偿管路热胀冷缩的措施	4
		A54	热水系统的管路不穿越其他用户的室内空间	4
		A55	既有建筑增设或改造太阳能热水系统时，管路布置不影响建筑使用功能及外观：Ⅰ 管路走向很合理	7
			Ⅱ 管路走向合理	（5）
			Ⅲ 管路走向较合理	（3）
		A56	在循环管路中准确设置各种阀门	4
		A57	循环管路应短且少拐弯，绕行的管路应是冷水管或低温水管	4

续表 A

评价项目及分值	分项及分值	子项序号	定性定量指标	分值
给水排水设计（54）	优选项（12）	A58	宜采用顶水法获取热水	3
		A59	对超过标准的给水系统水质做处理	3
		A60	安装用于系统节能、环保效益的监测装置	3
		A61	直流式系统宜采用定温控制方式运行	3
电气设计（16）	控制项	A62	满足系统用电负荷和运行安全要求	—
		A63	使用的电气设备有剩余电流保护、接地和断电等安全措施	—
		A64	太阳能热水系统应有防雷设施路	—
		A65	既有建筑安装太阳能热水器的屋面加设避雷设施，并确保与热水器的安全距离	—
	一般项（13）	A66	系统设专用用电回路	5
		A67	系统电器控制线路穿管暗设，或在管道井敷设	4
		A68	电气设计有电气线路布置图	4
	优选项（3）	A69	有自动控制系统或智能控制系统	3

附录 B　系统适用性能评价

表 B　系统适用性能评价指标（130 分）

<table>
<tr><th>评价项目及分值</th><th>分项及分值</th><th>子项序号</th><th colspan="2">定性定量指标</th><th>分值</th></tr>
<tr><td rowspan="11">供水能力（90）</td><td rowspan="7">控制项</td><td>B01</td><td colspan="2">系统的供热水量应符合现行国家标准《建筑给水排水设计规范》GB 50015 的有关规定</td><td>—</td></tr>
<tr><td>B02</td><td colspan="2">系统的供水水温应符合现行国家标准《建筑给水排水设计规范》GB 50015 的有关规定</td><td>—</td></tr>
<tr><td>B03</td><td colspan="2">系统的供水水压应符合现行国家标准《建筑给水排水设计规范》GB 50015 的有关规定</td><td>—</td></tr>
<tr><td>B04</td><td colspan="2">系统的太阳能集热器面积应符合现行国家标准《民用建筑太阳能热水系统应用技术规范》GB 50364 的规定</td><td>—</td></tr>
<tr><td>B05</td><td colspan="2">系统的太阳能保证率符合本标准表 5.2.3 给出的不同资源区的太阳能保证率要求</td><td>—</td></tr>
<tr><td>B06</td><td colspan="2">太阳能热水系统贮热水箱的数量和容积应符合现行国家标准的有关规定</td><td>—</td></tr>
<tr><td>B07</td><td colspan="2">太阳能热水系统安装了用于计量热水用量的装置</td><td>—</td></tr>
<tr><td rowspan="4">一般项（80）</td><td rowspan="3">B08</td><td rowspan="3">系统太阳能保证率符合本标准表 5.2.6 要求</td><td>Ⅰ 很好</td><td>50</td></tr>
<tr><td>Ⅱ 好</td><td>（40）</td></tr>
<tr><td>Ⅲ 较好</td><td>（30）</td></tr>
<tr><td>B09</td><td colspan="2">系统安装了用于计量热水耗热量的装置</td><td>30</td></tr>
<tr><td rowspan="2">优选项（10）</td><td>B10</td><td colspan="2">集中热水供应系统设置了不少于两套的辅助热源设备</td><td>5</td></tr>
<tr><td>B11</td><td colspan="2">系统安装了用于计量太阳能集热量和热水耗热量的装置</td><td>5</td></tr>
<tr><td rowspan="2">供水品质（40）</td><td rowspan="2">控制项</td><td>B12</td><td colspan="2">热水水质的卫生指标符合现行《生活饮用水卫生标准》GB 5749 的要求</td><td>—</td></tr>
<tr><td>B13</td><td colspan="2">系统设置了太阳能集热系统运行控制、集热系统和辅助能源的自动切换控制</td><td>—</td></tr>
</table>

续表 B

评价项目及分值	分项及分值	子项序号	定性定量指标	分值
供水品质（40）	一般项（35）	B15	太阳能热水系统交付使用后保证达到设计水温	35
	优选项（5）	B16	太阳能热水系统有保证支管中热水温度的设施	5

附录C 系统安全性能评价

表C 系统安全性能评价指标（150分）

评价项目及分值	分项及分值	子项序号	定性定量指标	分值
设备安全（50）	控制项	C01	太阳能集热器应符合国家现行有关标准规定的安全性能技术要求	—
		C02	构成建筑物屋面、阳台和墙面的集热器，其刚度、强度、热工性能、锚固、防护功能等均应满足建筑围护结构的设计要求	—
		C03	架空在建筑物屋面上及附着在阳台和墙面上的集热器，应具有足够的承载能力、刚度、稳定性及相对于主体结构的位移能力	—
	一般项（40）	C04	系统中使用的太阳能集热器和支架有足够的抗雪荷载能力	8
		C05	系统中使用的太阳能集热器和支架有足够的抗冰雹载能力	8
		C06	太阳能集热器中使用的传感器能承受集热器的最高空晒温度	8
		C07	太阳能热水系统中设置在室外的水箱有足够的抗风能力	8
		C08	系统中使用的太阳能集热器的耐压要求应与系统的工作压力相匹配	8
	优选项（10）	C09	在严寒地区安装的太阳能热水系统中使用的部件在当地极端低温条件下有足够的耐冻能力	10
运行安全（70）	控制项	C10	系统能承受系统设计时所规定的工作压力，并通过水压试验的检验	—
		C11	环境温度可能低于5 °C地区使用的系统采用了有效的防冻措施	—
		C12	使用防冻液进行防冻的太阳能热水系统，防冻液的凝固点应低于系统使用期内的最低环境温度	—
		C13	系统设置了防过热保护措施	—

续表 C

评价项目及分值	分项及分值	子项序号	定性定量指标	分值
运行安全（70）	控制项	C14	系统通过安全阀等部件排放一定量热水或蒸汽进行过热保护时，不会对人员造成危险	—
		C15	系统中的内置加热系统带有保证使用安全的装置	—
	一般项（60）	C16	采用排空或排回防冻措施的系统，其系统管路的设计安装坡度能保证集热系统的水完全排空或排回室内贮水箱	15
		C17	使用防冻液进行防冻的系统，防冻液的凝固点低于系统使用期内的最低环境温度	15
		C18	使用防冻液进行防冻的系统，防冻液能耐受太阳能集热器的最高闷晒温度，不因高温影响而变质	10
		C19	提供给用户的使用说明书中有提示用户防止烫伤的说明	10
		C20	用于系统排水的自动温控装置具有防冻功能	10
	优选项（10）	C21	提供给用户的说明书中有防冻、防过热控制系统的使用说明	10
安全防护措施（30）	控制项	C22	太阳能热水系统安装在室外的部分有可靠的抗风措施	—
		C23	安装在建筑上或直接构成围护结构的太阳能集热器有防止热水渗漏的安全保障措施	—
		C24	在安装太阳能集热器的建筑部位设置有防止太阳能集热器损坏后部件坠落伤人的安全防护设施	—
		C25	支承太阳能热水系统的支架与建筑物接地系统可靠连接	—
		C26	集热器和支架应结合建筑物的抗震等级采取相应的防震措施	—
	一般项（25）	C27	太阳能热水系统安装在室外部分的防风措施具有抵御当地历史最大风荷载的能力	10
		C28	建筑设计预留了可以保护系统安装、维修人员在进行作业时，能够安全操作的装置和设施	15
	优选项（5）	C29	既有建筑上安装的太阳能热水系统，按现行国家标准《建筑物防雷设计规范》GB 50057 的规定增设避雷措施	5

附录D 系统耐久性能评价

表D 系统耐久性能评价指标（120分）

评价项目及分值	分项及分值	子项序号	定性定量指标		分值
与主体结构施工（40）	控制项	D01	系统安装具有建筑物承受各种载荷的能力		—
		D02	系统安装不破坏屋面防水层和建筑物附属设施		—
		D03	集热器支架和贮水箱底座的刚度、强度、防腐蚀性能均应满足安全要求		—
	一般项（40）	D04	集热器支架安装位置准确，与主体结构固定牢靠	Ⅰ 很好	10
				Ⅱ 好	（8）
				Ⅲ 较好	（4）
		D05	集热器支架基座做防水处理	Ⅰ 很好	10
				Ⅱ 好	（8）
				Ⅲ 较好	（4）
		D06	预埋件与基座之间用细石混凝土填捣密实，并采取热桥阻断措施	Ⅰ 很好	10
				Ⅱ 好	（8）
				Ⅲ 较好	（4）
		D07	钢基座及预埋件涂防腐涂料，妥善保护	Ⅰ 很好	10
				Ⅱ 好	（8）
				Ⅲ 较好	（4）
主要设备安装（48）	控制项	D08	集热器产品性能应符合现行国家标准		—
		D09	集热器与其支架牢靠固定，不会脱落		—
		D10	贮水箱安装位置能满足建筑物上所处部位的承载要求		—
		D11	贮水箱与其底座牢靠固定，不会移位		—
		D12	贮水箱内胆应有防止雷击的措施，并做好接地处理		—

续表 D

评价项目及分值	分项及分值	子项序号	定性定量指标		分值
主要设备安装（48）	一般项（48）	D13	集热器材料坚固耐用，设计使用寿命不少于 10 年	Ⅰ 不少于 15 年	9
				Ⅱ 不少于 12 年	（6）
				Ⅲ 不少于 10 年	（4）
		D14	集热器之间连接无泄漏，有适应温度变化的措施	Ⅰ 很好	9
				Ⅱ 好	（6）
				Ⅲ 较好	（4）
		D15	贮水箱材料坚固耐用，设计使用寿命不少于 10 年	Ⅰ 不少于 15 年	9
				Ⅱ 不少于 12 年	（6）
				Ⅲ 不少于 10 年	（4）
		D16	贮水箱保温符合现行国家标准的要求	Ⅰ 很好	9
				Ⅱ 好	（6）
				Ⅲ 较好	（4）
		D17	贮水箱与其底座之间设有隔热垫，不直接刚性连接		4
		D18	系统使用的金属管道材质应和建筑给水管道材质匹配，并应与系统的传热工质相容，内壁不发生腐蚀		4
		D19	集热器保温材料应填塞严实，无明显变形，无发霉、变质或释放污染物质现象		4

续表 D

评价项目及分值	分项及分值	子项序号	定性定量指标		分值
辅助设备安装（32）	控制项	D20	直接加热的电热管安装符合国家现行有关标准的要求		—
		D21	电缆线路施工符合国家现行有关标准的规定		—
		D22	其他电气设施安装符合国家现行有关标准的规定		—
		D23	所有电气设备及电气设备相连接的金属部件都做接地处理		—
		D24	支架及其材料应符合设计要求，焊接应符合国家现行有关标准的规定		—
		D25	钢结构支架表面应做防腐处理		—
	一般项（28）	D26	系统管路安装符合现行国家标准	Ⅰ 很好	4
				Ⅱ 较好	（3）
		D27	承压管路做水压试验；非承压管路做灌水试验		4
		D28	管路保温符合现行国家标准	Ⅰ 很好	4
				Ⅱ 较好	（3）
		D29	水泵安装符合国家标准，有检修空间，接地保护	Ⅰ 很好	4
				Ⅱ 好	（3）
				Ⅲ 较好	（2）
		D30	室外水泵有防冻保护措施	Ⅰ 很好	3
				Ⅱ 较好	（2）
		D31	水泵、电磁阀、阀门等的安装方向正确，并便于更换		3
		D32	电磁阀水平安装，阀前安装细网过滤器，阀后加截止阀		3
		D33	供热锅炉及辅助设备安装应符合国家现行有关标准的要求		3
	优选项（4）	D34	室外水泵有防雨和防晒保护措施		4

附录E 系统经济性能评价

表E 系统经济性能评价指标（110分）

评价项目及分值	分项及分值	子项序号	定性定量指标		分值
节能（60）	控制项	E01	系统集热效率按现行国家标准规定的方法检验		—
		E02	贮水箱热损因数按现行国家标准规定的方法检验		—
	一般项（46）	E03	系统集热效率≥42%		15
		E04	贮水箱热损因数≤30 W/（m³·K）		15
		E05	辅助能源加热设备应在保证太阳能集热系统优先、充分工作的前提下运行	Ⅰ 很好	8
				Ⅱ 好	（6）
				Ⅲ 较好	（4）
		E06	供热水管路保温符合现行国家标准	Ⅰ 好	8
				Ⅱ 较好	（6）
	优选项（14）	E07	系统的供电回路设有电计量装置	Ⅰ 全部设有	4
				Ⅱ 大部设有	（3）
				Ⅲ 部分设有	（2）
		E08	辅助加热设备可智能控制	Ⅰ 更多项功能	4
				Ⅱ 分时段控制	（3）
				Ⅲ 温度可调节	（2）
		E09	太阳能资源分布不同区域的系统投资回收期少于规定年限	Ⅰ 少于规定年限	6
				Ⅱ 等于规定年限	（3）

续表 E

评价项目及分值	分项及分值	子项序号	定性定量指标	分值	分值
节水（36）	控制项	E10	系统设置合理、完善的供水、排水系统		—
		E11	系统采取有效措施，避免管路漏水损失		—
		E12	集中供热水系统保证干管和立管的热水循环		—
	一般项（26）	E13	集中-分散供热水系统保证干管和立管的热水循环	Ⅰ 全部保证	10
				Ⅱ 大部保证	（8）
				Ⅲ 部分保证	（6）
		E14	设置贮水箱直流式系统有隔日剩余水利用措施	Ⅲ 很好	8
				Ⅱ 好	（6）
				Ⅰ 较好	（5）
		E15	系统设有冷、热水计量装置	Ⅱ 热水计量	8
				Ⅰ 冷水计量	（4）
	优选项（10）	E16	公共建筑中的集中供热水系统设置节水龙头	Ⅰ 全部设置	5
				Ⅱ 大部设置	（3）
				Ⅲ 部分设置	（2）
		E17	集中-分散供热水系统保证立管的热水循环	Ⅰ 全部保证	5
				Ⅱ 大部保证	（3）
				Ⅲ 部分保证	（2）
节地（14）	控制项	E18	集热器安装在建筑某部位，不占用建筑物周围的公共场地		—
		E19	贮水箱安装在建筑屋面、地下室等处，不占用周围的公共场地		—
	一般项（8）	E20	新建建筑加大相邻建筑的间距	Ⅰ 很好	8
				Ⅱ 好	（6）
				Ⅲ 较好	（5）
	优选项（6）	E21	合理确定建筑布局、朝向、间距、群体组合等	Ⅰ 很合理	6
				Ⅱ 合理	（3）
				Ⅲ 较合理	（2）

附录 F　评价汇总表

表 F　评价汇总表

项目名称：

<table>
<tr><td colspan="2" rowspan="2">主项及分值</td><td colspan="2">子项目</td><td rowspan="2">总分值</td><td rowspan="2">评价等级</td></tr>
<tr><td>一般项</td><td>优选项</td></tr>
<tr><td rowspan="6">系统与建筑集成评价（180 分）</td><td>规划与室外环境</td><td></td><td></td><td rowspan="6"></td><td rowspan="6"></td></tr>
<tr><td>建筑设计</td><td></td><td></td></tr>
<tr><td>结构设计</td><td></td><td></td></tr>
<tr><td>给水排水设计</td><td></td><td></td></tr>
<tr><td>电气设计</td><td></td><td></td></tr>
<tr><td>小　计</td><td colspan="2"></td></tr>
<tr><td rowspan="3">系统适用性能评价（130 分）</td><td>供水能力</td><td></td><td></td><td rowspan="3"></td><td rowspan="3"></td></tr>
<tr><td>供水品质</td><td></td><td></td></tr>
<tr><td>小　计</td><td colspan="2"></td></tr>
<tr><td rowspan="4">系统安全性能评价（150 分）</td><td>设备安全</td><td></td><td></td><td rowspan="4"></td><td rowspan="4"></td></tr>
<tr><td>运行安全</td><td></td><td></td></tr>
<tr><td>安全防护措施</td><td></td><td></td></tr>
<tr><td>小　计</td><td colspan="2"></td></tr>
<tr><td rowspan="4">系统耐久性能评价（120 分）</td><td>与主体结构施工</td><td></td><td></td><td rowspan="4"></td><td rowspan="4"></td></tr>
<tr><td>主要设备安装</td><td></td><td></td></tr>
<tr><td>辅助设备安装</td><td></td><td></td></tr>
<tr><td>小　计</td><td colspan="2"></td></tr>
<tr><td rowspan="4">系统经济性能评价（110 分）</td><td>节能</td><td></td><td></td><td rowspan="4"></td><td rowspan="4"></td></tr>
<tr><td>节水</td><td></td><td></td></tr>
<tr><td>节地</td><td></td><td></td></tr>
<tr><td>小　计</td><td colspan="2"></td></tr>
<tr><td colspan="4">总　计</td><td></td><td></td></tr>
</table>

附录G 项目应提供的资料

表G 申请项目评价时应提供的资料

资料类型	编号	提供资料应包括的内容	备注
工程设计资料	G01	太阳能热水系统的主要设计技术指标	附录A、B和E
	G02	太阳能热水系统的结构计算书	附录A、C和D
	G03	太阳能热水系统建筑、结构、给水排水、电气设计的全套施工图	附录A、C和D
	G04	太阳能热水系统的设计变更证明文件	附录A、B、C、D和E
	G05	提供太阳能热水系统的竣工图	附录A、B、C、D和E
	G06	太阳能热水系统的给水排水设计计算书	附录A和B
	G07	太阳能热水系统的节能、环保效益计算分析报告	附录A和E
	G08	太阳能热水系统的使用维修说明书	附录B、C和D
工程验收资料	G09	太阳能热水系统的竣工验收报告	附录A、B、C、D和E
	G10	主要设备、材料、仪表、成品、半成品的出厂合格证明或检验资料	附录D
	G11	太阳能热水系统的调试和运行记录	附录A、B、C、D和E
	G12	由法定质检机构出具的太阳能热水系统的热性能和水质检测报告	附录A、B和C
	G13	全部进仓材料和外购件的清单以及必要的质量合格证明	附录D

附录 H　四川省太阳能资源情况

表 H　四川省太阳能资源情况

地名	纬度 /(°)	经度 /(°)	海拔 /m	年太阳辐照量 /[MJ/(m^2·a)]	太阳能辐射资源 利用区划标准
成都	30.67	104.07	506	3 218.4	资源贫乏区
红原	31.78	102.55	3600	6 124.0	资源较富区
理塘	30.03	100.28	4014	5 886.7	资源较富区
绵阳	31.48	104.73	700	3 516.8	资源贫乏区
松潘	32.63	103.62	2 849.5	4 391.6	资源一般区
石渠	32.98	98.1	4 201	5 442.5	资源较富区
若尔盖	33.58	102.97	3 441.1	5 473.1	资源较富区
德格	31.73	98.57	3 199.3	4 547.5	资源一般区
九寨沟	33.27	104.23	1 407.1	4 248.4	资源一般区
甘孜	31.62	100	3 394.2	5 726.5	资源较富区
白玉	31.22	98.83	3261	5 009.0	资源一般区
色达	32.28	100.33	3 895.8	5 414.4	资源较富区
阿坝	32.9	101.7	3 276.6	5 404.0	资源较富区
马尔康	31.9	102.23	2 665.9	4 950.4	资源一般区
巴塘	30	99.1	2 589.1	5 507.3	资源较富区
新龙	30.93	100.32	2 999.2	4 920.1	资源一般区
丹巴	30.88	101.88	1 948.1	5 053.0	资源一般区
乾宁	30.48	101.48	3 449	5 155.9	资源一般区
雅江	30.03	101.02	2 598.7	4 803.1	资源一般区

续表 H

地名	纬度 /(°)	经度 /(°)	海拔 /m	年太阳辐照量 /[MJ/(m^2·a)]	太阳能辐射资源 利用区划标准
新都桥	30.05	101.49	3 246	5 080.0	资源一般区
郫县	30.82	103.88	560.6	3 520.1	资源贫乏区
宝兴	30.38	102.82	1 011.1	2 904.8	资源贫乏区
新津	30.43	103.8	461.8	3 372.8	资源贫乏区
天全	30.07	102.77	756.7	3 208.0	资源贫乏区
芦山	30.15	102.93	684.6	3 223.4	资源贫乏区
名山	30.08	103.12	692.5	3 154.7	资源贫乏区
蒲江	30.2	103.52	505.9	3 462.5	资源贫乏区
邛崃	30.42	103.48	502.9	3 297.2	资源贫乏区
大邑	30.6	103.52	525.3	3 289.0	资源贫乏区
龙泉驿	30.55	104.25	514.9	3 218.4	资源贫乏区
雅安	29.98	103	629.4	3 258.7	资源贫乏区
双流	30.58	103.92	495.8	3 304.8	资源贫乏区
彭山	36.2	103.87	436.3	3 287.2	资源贫乏区
广汉	30.97	104.28	474.9	3 601.4	资源贫乏区
新都	30.83	104.15	496.8	3 489.1	资源贫乏区
简阳	30.38	104.55	448.2	3 809.5	资源贫乏区
金堂	30.85	104.43	449	3 635.3	资源贫乏区
仁寿	30.02	104.15	437.1	3 511.8	资源贫乏区
稻城	29.05	100.3	3 728.6	5 821.6	资源较富区
泸定	29.92	102.23	1 322.1	3 642.1	资源贫乏区
荥经	29.78	102.85	763.7	3 102.1	资源贫乏区

续表 H

地名	纬度 /(°)	经度 /(°)	海拔 /m	年太阳辐照量 /[MJ/(m^2·a)]	太阳能辐射资源利用区划标准
康定	30.05	101.97	2 615.5	4 359.2	资源一般区
汉源	29.35	102.68	798.1	3 940.9	资源贫乏区
石棉	29.23	102.35	875.1	3 709.1	资源贫乏区
洪雅	29.92	103.37	463	3 249.0	资源贫乏区
丹棱	30.02	103.52	497	3 288.6	资源贫乏区
夹江	29.73	103.6	408	3 324.6	资源贫乏区
青神	29.83	103.83	394.7	3 584.2	资源贫乏区
峨眉	29.6	103.48	447.3	3 092.0	资源贫乏区
峨眉山	29.52	103.33	3 048.6	3 933.4	资源贫乏区
乐山	29.57	103.75	422.1	3 359.5	资源贫乏区
峨边	29.23	103.27	639.5	3 393.4	资源贫乏区
犍为	29.25	103.95	388.8	3 330.4	资源贫乏区
井研	29.67	104.07	419.1	3 372.8	资源贫乏区
资中	29.77	104.85	366.9	3 573.0	资源贫乏区
荣县	29.45	104.43	382.1	3 746.5	资源贫乏区
自贡	29.35	104.77	357	3 373.2	资源贫乏区
富顺	29.94	104.97	266	3 357.0	资源贫乏区
得荣	28.72	99.28	2 424.3	4 804.6	资源一般区
乡城	28.93	99.8	2 841.7	5 173.6	资源一般区
木里	27.93	101.27	2 427.3	5 324.8	资源一般区
九龙	29	101.5	2 993.7	4 924.4	资源一般区
甘洛	28.95	102.77	1 061.1	4 133.2	资源贫乏区

续表 H

地名	纬度/(°)	经度/(°)	海拔/m	年太阳辐照量/[MJ/(m^2·a)]	太阳能辐射资源利用区划标准
冕宁	28.55	102.17	1 777.9	4 975.6	资源一般区
越西	28.65	102.52	1 660.1	4 353.8	资源一般区
喜德	28.3	102.43	1 850.3	5 071.7	资源一般区
昭觉	28	102.85	2 133.7	4 838.0	资源一般区
马边	28.83	103.55	542	3 241.8	资源贫乏区
雷波	28.28	103.57	253.9	3 561.8	资源贫乏区
美姑	28.33	103.13	2 082.8	4 619.5	资源一般区
沐川	28.95	103.9	397.4	3 242.2	资源贫乏区
宜宾县	28.7	104.55	286	3 532.0	资源贫乏区
宜宾	28.8	104.6	341.6	3 351.2	资源贫乏区
南溪	28.85	104.97	294	3 195.0	资源贫乏区
屏山	28.65	104.15	100	3 145.0	资源贫乏区
兴文	28.32	105.23	353.7	3 377.5	资源贫乏区
筠连	28.17	104.52	456.6	3 481.9	资源贫乏区
珙县	28.38	104.78	368.1	3 339.0	资源贫乏区
盐源	27.43	101.52	2 545	5 971.3	资源较富区
德昌	27.42	102.18	1 383.5	5 257.4	资源一般区
西昌	27.9	102.27	1 592.4	5 534.3	资源较富区
普格	27.37	102.55	1 433	5 200.2	资源一般区
宁南	27.07	102.75	2 461.2	5 422.3	资源较富区
布拖	27.7	102.8	2405	5 040.7	资源一般区
金阳	27.7	103.25	1452.8	4 244.0	资源一般区

续表 H

地名	纬度 /(°)	经度 /(°)	海拔 /m	年太阳辐照量 /[MJ/(m^2·a)]	太阳能辐射资源利用区划标准
高县	28.43	104.52	358.2	3 492.0	资源贫乏区
长宁	28.58	104.92	275.5	3 401.6	资源贫乏区
盐边	26.92	101.53	1 160.4	5 731.9	资源较富区
攀枝花	26.58	101.72	1 191.1	5 906.5	资源较富区
米易	26.9	102.12	1 105.8	5 729.0	资源较富区
会理	26.65	102.25	1 788.6	5 762.2	资源较富区
仁和	26.5	101.73	1 111.7	6 057.4	资源较富区
会东	26.65	102.58	1 700	5 601.2	资源较富区
青川	32.58	105.23	820.8	3 541.0	资源贫乏区
广元	32.6	105.85	488.2	3 758.8	资源贫乏区
剑阁	32.02	105.47	535.4	3 683.9	资源贫乏区
南江	32.35	106.83	578.9	4 154.0	资源一般区
旺苍	32.23	106.28	485.3	3 702.6	资源贫乏区
万源	32.07	108.03	674	3 794.4	资源贫乏区
苍溪	31.73	105.92	460.7	3 739.0	资源贫乏区
梓潼	31.65	105.15	485.4	3 512.2	资源贫乏区
阆中	31.58	105.97	385.4	3 567.2	资源贫乏区
三台	31.1	105.08	379	3 688.6	资源贫乏区
盐亭	31.22	105.38	421.7	3 692.9	资源贫乏区
西充	30.98	105.88	362.4	3 875.0	资源贫乏区
巴中	31.85	106.77	360	3 779.3	资源贫乏区
南部	31.35	106.05	364.4	3 704.8	资源贫乏区

续表 H

地名	纬度/(°)	经度/(°)	海拔/m	年太阳辐照量/[MJ/(m^2·a)]	太阳能辐射资源利用区划标准
仪陇	31.53	106.4	658.2	4 075.6	资源贫乏区
篷安	31.03	106.42	323.5	3 808.8	资源贫乏区
营山	31.07	106.55	337	3 710.2	资源贫乏区
通江	31.93	107.23	404.7	3 811.7	资源贫乏区
平昌	31.57	107.1	377.3	3 452.0	资源贫乏区
宣汉	31.37	107.72	385.2	4 041.4	资源贫乏区
达川	31.2	107.5	344.3	3 566.9	资源贫乏区
开江	31.08	107.85	452.4	3 757.0	资源贫乏区
射洪	30.87	105.38	332.4	3 867.8	资源贫乏区
蓬溪	30.77	105.7	395.3	3 744.0	资源贫乏区
遂宁	30.5	105.58	279.5	3 588.1	资源贫乏区
乐至	30.28	105.03	461.6	3 724.6	资源贫乏区
安岳	30.12	105.35	335.6	3 643.6	资源贫乏区
南充	30.78	106.1	309.7	3 503.5	资源贫乏区
渠县	30.85	106.97	295.9	3 656.9	资源贫乏区
岳池	30.55	106.45	379.7	3 588.1	资源贫乏区
广安	30.47	106.62	310	3 603.2	资源贫乏区
邻水	30.33	106.93	357	3 464.3	资源贫乏区
武胜	30.35	106.28	315.1	3 746.5	资源贫乏区
大竹	30.75	107.2	397.1	3 683.5	资源贫乏区
内江	29.58	105.05	352.4	3 657.2	资源贫乏区
隆昌	29.33	105.3	374.2	3 551.0	资源贫乏区

续表 H

地名	纬度/(°)	经度/(°)	海拔/m	年太阳辐照量/[MJ/(m^2·a)]	太阳能辐射资源利用区划标准
泸县	28.98	105.45	322.2	3 660.8	资源贫乏区
江安	28.73	105.07	274.7	3 409.6	资源贫乏区
泸州	28.88	105.43	335	3 538.4	资源贫乏区
合江	28.82	105.83	365.6	3 702.2	资源贫乏区
纳溪	28.77	105.38	465	3 667.0	资源贫乏区
叙永	28.17	105.43	379.2	3 656.9	资源贫乏区

附录I 四川省太阳能资源区划

表I 四川省太阳能资源区划

资源区划	年太阳辐照量 /[MJ/(m^2·a)]	地 区
太阳能资源较富区	5 400 ~ 6 700	红原、理塘、石渠、若尔盖、甘孜、色达、阿坝、巴塘、稻城、盐源、西昌、宁南、盐边、攀枝花、米易、会理、仁和、会东
太阳能资源一般区	4 200 ~ 5 400	松潘、德格、九寨沟、白玉、马尔康、新龙、雅江、康定、得荣、九龙、冕宁、越西、昭觉、美姑、金阳、南江、丹巴、乾宁、新都桥、乡城、木里、喜德、德昌、普格、布拖
太阳能资源贫乏区	< 4200	成都、绵阳、郫县、宝兴、新津、天全、芦山、名山、蒲江、邛崃、大邑、雅安、龙泉驿、双流、彭山、新都、广汉、金堂、仁寿、泸定、荥经、石棉、洪雅、丹棱、夹江、青神、峨眉、乐山、峨边、犍为、井研、资中、荣县、自贡、富顺、马边、雷波、沐川、宜宾县、宜宾、南溪、屏山、兴文、筠连、珙县、高县、长宁、青川、广元、剑阁、旺苍、苍溪、梓潼、阆中、三台、盐亭、巴中、南部、营山、平昌、达川、开江、蓬溪、遂宁、乐至、安岳、南充、渠县、岳池、广安、邻水、武胜、大竹、内江、隆昌、泸县、江安、泸州、合江、纳溪、叙永、简阳、汉源、峨眉山、甘洛、万源、西充、仪陇、蓬安、通江、宣汉、射洪

附录J　太阳能集热器正南方向最佳倾角推荐值

表J　太阳能集热器正南方向最佳倾角推荐值

典型城市	最佳倾角推荐值 /（°）
成都	14
绵阳	20
南充	11
乐山	10
达州	15
泸州	16
宜宾	8
甘孜	28
西昌	21
九龙	19
理塘	24
巴塘	24
松潘	25
红原	31
会理	26

本标准用词用语说明

1 为便于在执行本标准条文时区别对待,对要求严格程度不同的用词说明如下:

1）表示很严格，非这样做不可的:

正面词采用“必须”，反面词采用“严禁”;

2）表示严格，在正常情况下均应这样做的:

正面词采用“应”，反面词采用“不应”或“不得”;

3）表示允许稍有选择，在条件许可时首先应这样做的:

正面词采用“宜”，反面词采用“不宜”;

4）表示有选择，在一定条件下可以这样做的，采用“可”。

2 条文中指明应按其他有关标准执行的，写法为:“应符合……的规定”或“应按……执行”。

引用标准名录

1 《建筑给水排水设计规范》GB 50015
2 《低压配电设计规范》GB 50054
3 《建筑物防雷设计规范》GB 50057
4 《电气装置安装工程电缆线路施工及验收规范》GB 50168
5 《电气装置安装工程接地装置施工及验收规范》GB 50169
6 《工业设备及管道绝热工程施工质量验收规范》GB 50185
7 《钢结构工程施工质量验收规范》GB 50205
8 《屋面工程质量验收规范》GB 50207
9 《建筑防腐蚀工程施工及验收规范》GB 50212
10 《建筑防腐蚀工程施工质量验收规范》GB 50224
11 《建筑给水排水及采暖工程施工质量验收规范》GB 50242
12 《压缩机、风机、泵安装工程施工及验收规范》GB 50275
13 《建筑电气工程施工质量验收规范》GB 50303
14 《民用建筑太阳能热水系统应用技术规范》GB 50364
15 《碳素结构钢》GB/T 700
16 《桥梁用结构钢》GB/T 714
17 《平板型太阳能集热器》GB/T 6424
18 《真空管型太阳能集热器》GB/T 17581
19 《太阳热水系统设计、安装及工程验收技术规范》GB/T 18713
20 《太阳热水系统性能评定规范》GB/T 20095
21 《民用建筑太阳能热水系统评价标准》GB/T 50604

22 《可再生能源建筑应用工程评价标准》GB/T 50801
23 《环境标志产品技术要求太阳能集热器》HJ/T 362
24 《环境标志产品技术要求 家用太阳能热水系统》HJ/T 363

四川省工程建设地方标准

四川省民用建筑太阳能热水系统评价标准

DBJ51/T 039 – 2015

条 文 说 明

目　次

1 总 则

1.0.1 太阳能由于分布的普遍性、使用的清洁性和技术的可靠性，是应用最为方便、最具潜力和发展前途的可再生能源。我国有丰富的太阳能资源，2/3 以上的国土面积太阳能年辐照量在 5 000 MJ/m^2 以上、年日照时数在 2 200 h 以上。太阳能在建筑中应用技术最成熟、应用最广泛的是太阳能热水系统。我国也是世界上最大的太阳能热水器生产国和使用国。随着国标《民用建筑太阳能热水系统评价标准》的实施，为加快民用建筑太阳能热水系统的推广应用，国内很多省市自治区也相继出台了关于太阳能热水系统的标准，部分省市以地方法规的形式，提出了强制安装太阳能热水系统的保证措施。四川省虽属于太阳能匮乏省份，但甘孜、阿坝等地区的阳光充裕，有着利用太阳能技术的丰富自然资源。制定本标准的目的是规范民用建筑上的太阳能热水系统的评价，以推动太阳能热水系统在建筑上的应用和发展。该标准的制定将填补我省民用建筑太阳能热水系统评价标准的空白，为今后我省太阳能资源的推广应用提供指导性意见。

1.0.2 本条规定了本标准的适用范围，即新建、改建、扩建的民用建筑和既有民用建筑上的太阳能热水系统。

1.0.3 本条为评价太阳能热水系统应遵循的原则。四川省不同地区的太阳能资源、气候特征、地理环境、自然资源、经济发展水平与社会习俗等都存在很大差异，评价太阳能热水系统时，应遵循客观、公正的原则，结合系统特点，注重地域性，因地制宜、实事求是，充分考虑建筑所在地域的气候、资源、自然环境、经济、文化等特点，以保证评价结果的准确性。

1.0.4 本条为该标准与相关标准的关系。太阳能热水系统是系统工程，是建筑技术和太阳能技术的集成。在建筑领域，涉及规划、建筑、结构、给水排水、电气等多个专业，太阳能热水系统的设计应满足多个专业的要求，在国家标准《民用建筑太阳能热水系统应用技术规范》GB 50364 中有明确规定。这些专业要为太阳能热水系统在建筑上利用创造条件。要使太阳能热水系统满足建筑的使用要求，太阳能热水器生产企业提供的产品要符合相应产品标准的规定。由于本标准是太阳能热水系统的评价标准，只能就评价所涉及内容提出具体要求和评价指标，在进行太阳能热水系统设计、安装和验收时，应符合相关技术标准的规定，尤其是其中的强制性条文。申请进行太阳能热水系统评价的建筑必须符合国家现行有关标准的规定，不符合者不能申请评价。

3 基 本 规 定

3.1 基本要求

3.1.1 建筑群体或建筑单体使用的太阳能热水系统，按设计、安装、选型、构成和运行可划分为不同类型的系统，如集中供热水系统、集中-分散供热水系统、分散供热水系统或自然循环系统、强制循环系统、直流式系统或直接系统、间接系统；或真空管集热器、平板集热器等。对建筑群体或建筑单体使用的太阳能热水系统进行评价，应以同类系统为对象。对一个建筑群体使用的太阳能热水系统进行评价，同类系统的安装面积应达到其总安装面积的 80%以上。

3.1.2 抽样比例应根据太阳能热水系统集热与供热水范围的不同而定。对于集中供热水系统，当系统数量不大于 10 套时，抽检数量为 1 套；当系统数量为 10 ~ 20 套时，抽检数量为 2 套；当系统数量大于 20 套时，抽检数量为 3 套。对于集中-分散供热水系统，当系统数量不大于 10 套时，抽检数量为 1 套；当系统数量为 10 ~ 20 套时，抽检数量为 2 套；当系统数量大于 20 套时，抽检数量为 3 套。对于分散供热水系统，当系统数量不大于 10 套时，抽检数量为 1 套；当系统数量为 10 ~ 19 套时，抽检数量为 2 套；当系统数量为 20 ~ 59 套时，抽检数量为 3 套；当系统数量为 60 ~ 100 套时，抽检数量为 4 套；当系统数量大于 100 套时，抽检数量为 5 套。

3.1.3 对太阳能热水系统的评价应对规划和建筑设计、施工、安装与竣工阶段进行过程控制。各责任方应按照本标准各项指标的要求，制定目标、明确责任、进行过程控制，并最终形成规划、设计、施工、安装和竣工阶段的过程控制报告。申请评价方应提交评价所需的过程控制基础资料。评价机构对基础资料进行分析，并结合项目现场勘查情况，按照本标准的评价内容及分值打分，给出总的得分，确定等级。

3.1.4 使用本标准附录 A ~ 附录 E 的评价指标对项目各种性能进行打分后，使用附录 F 进行汇总，根据项目得分确定该项目太阳能热水系统的评价等级。

3.1.5 在评价前，申请评价单位应提供工程设计资料和工程验收资料。工程设计资料包括建筑规划、建筑、结构、给水排水和电气专业设计的施工图和竣工图。工程设计资料能全面反映建筑设计和太阳能热水系统的设计和施工情况。工程验收资料能全面反映太阳能热水系统实际施工质量和运行效果，应进行存档并在系统评价前提交。

3.2 评价与等级划分

3.2.1 本标准对民用建筑应用太阳能热水系统的评价从建筑设计、太阳能热水系统设计、施工、使用等方面，将指标体系分为系统与建筑集成、系统适用性能、系统安全性能、系统耐久性能、系统经济性能等 5 个评价指标体系。通过对 5 个方面的综合评价，以保证太阳能热水系统安全可靠、性能稳定、与建筑和周围环境协调统一，规范太阳能热水系统设计、安装和工程验收。标准中将部分性能子项按得分高低细分成 3 个等级，目的是引导太阳能热水系统性能的发展和提高，同时也可适应不同使用对象对太阳能热水系统整体质量的要求。

每个指标体系的分值不同，说明了各项指标权重不同。每项指标包括控制项、一般项与优选项，其中控制项为系统评价的必备条件；一般项和优选项为划分系统等级的可选条件；优选项综合性强、难度大、要求较高。

3. 2. 2 由于控制项为系统评价的必备条件，如不满足控制项的某一项指标，则不能进行该项目的评价，只有满足了控制项的各项指标后，才能进行一般项和优选项的评价，根据打分结果确定其等级。

3. 2. 3 本条详细说明了如何使用本标准的附录，并根据附录中的分值进行打分。

3. 2. 4 本条给出 5 个评价指标体系中每个指标体系的分值，其中包括一般项和优选项的分值，以及总的分值。从表 3.2.4 中也可看出各个主项所占的比重。

3. 2. 5 根据打分结果，确定太阳能热水系统的等级，按照常规，如果满分为 100 分时，一般 60 分为及格，85 分为优秀，72.5 分为良好。由于本标准不是评优标准，故分别用“A”级、“AA”级和“AAA”级表示，“AAA”级为最高级别。

4 系统与建筑集成评价

4.1 一般规定

4.1.2 太阳能热水系统与建筑集成，是在规划与建筑设计、建筑结构和系统运行方面进行技术集成。对其评价，既要考虑满足外部环境要求，也要考虑满足内部使用要求。包括规划与室外环境、建筑设计、结构设计、给水排水设计和电气设计5个评价项目。具体评价项目和分值见附录A。

4.2 规划与室外环境

4.2.1 使用太阳能热水系统的单体建筑或群体建筑，应在综合考虑场地条件、建筑功能、周围环境等因素进行建筑规划设计的基础上，结合当地的地理位置和气候条件进行利用太阳能热水系统的专项规划设计，进行建筑太阳能热水系统的选型设计和太阳能热水系统与建筑集成的设计，从建筑布局、建筑朝向、空间组合、辅助能源的选择等方面满足太阳能热水系统设计和安装的技术要求。

4.2.2 设计使用太阳能热水系统的单体或群体建筑，在建筑规划设计的基础上，应进行利用太阳能热水系统的专项规划设计。在专项规划设计中，应对建筑单体或群体中使用太阳能热水系统的建筑进行标注，注明单体建筑上太阳能热水系统的类型，注明太阳能热水系统或太阳能集热器的安装位置，安装方式和安装方位。

太阳能资源丰富的地区，太阳能热水系统的效率不一定高，这是由于太阳能保证率也受当地气温的影响。由于热水系统所需水源都与当地环境温度接近，当地气温越低，系统提供同样温度的热水量所需的能耗就越多，而对同一太阳能热水系统，其太阳能保证率就会低，静态回收期也长。所以，设计太阳能热水系统时，需考虑不同地区气温差异，结合当地太阳能资源和当地的气候条件，综合考虑二者对太阳能热水系统效率的影响。

4.2.3 建筑群体或建筑单体使用的太阳能热水系统，按设计、安装、选型、构成和运行方式可划分为不同类型的系统；对建筑群体或建筑单体使用的太阳能热水系统进行评价，以同类系统为对象，对建筑群体或建筑单体使用的太阳能热水系统进行评价。在建筑上利用太阳能热水系统的专项规划设计应对使用太阳能热水系统的建筑进行标注，明确太阳热水系统集热器的安装位置、安装方式和安装方位。

群体建筑利用太阳能热水系统的规划设计，应注意避免设计安装在建筑屋顶的太阳能集热器影响相邻建筑的日照和间距，并注意避免建筑周边绿化及其他设施遮挡太阳能集热器。

评价时，选取安装太阳能热水系统的主要建筑或主要住宅套型进行检查。

4.2.4 在规划设计时，建筑物的朝向朝南是为了使太阳能集热器能接收到更多的太阳辐射，这是因为太阳能集热器采光面上能够接收到的太阳辐射量受到集热器安装方位的影响，而可接收全年最多的太阳辐射量的最佳安装方位是正南，或南偏东、南偏西 10°内，为此，建筑物南向是最佳朝向。在进行规划设计时，建筑物朝向最好是南北向或接近南北向。同时建筑之间保持合理的日照间距，减少南向建筑对北面建筑的阳光遮挡，为利用太阳能创造良好条件。

4.2.5 为保证集热器设置在平屋面上日照不受遮挡，现行国家标准《民用建筑太阳能热水系统应用技术规范》GB 50364给出了集热器与遮光物或集热器前后排之间最小距离的计算方法。本条在此加以强调。

4.2.6 四川省各地区的太阳辐射强度，因受地区、气候、季节和昼夜变化等因素影响，变化很大。为此，为保证太阳能热水系统的使用，宜配置辅助能源加热设备。辅助能源加热设备应根据当地普遍使用的常规能源及其价格、对环境的影响、使用的方便性以及节能性等多项因素确定。辅助能源一般为电、燃气等常规能源。对已设有集中供热、空调系统的建筑，辅助能源宜与供热、空调系统热源相同或匹配，宜重视废热、余热的利用。

4.2.7 规划设计时，建筑体型及空间组合应考虑太阳光照的影响，应能使太阳能集热器接收更多的太阳光，在空间组合时，避免建筑物自身和树木对太阳能集热器的遮挡。建筑之间保持合理的日照间距，减少南向建筑对北面建筑的阳光遮挡，为利用太阳能创造良好条件。

在进行环境景观设计和绿化种植时应不要造成对太阳能集热器的阳光遮挡，包括建筑小品和树木与建筑之间的距离及树种的选择，从而保证太阳能集热器的集热效率。

4.2.8 规划设计文件应完整规范，规划设计说明应有关于太阳能热水系统对群体建筑总体景观、立面、使用效果影响的描述内容。规划设计说明应包含描述当地太阳能资源、地理气候、水源水质、系统选型、系统功能、系统安装、辅助能源、太阳能保证率和系统使用的相关内容。

4.2.9 规划设计时，使用计算机模拟软件，能更准确地计算出照射在太阳能集热器上的太阳辐射情况，包括集热器受遮挡的情况。

4.3 建筑设计

4.3.1 使用太阳能热水系统的单体建筑，建筑设计应包含太阳能热水系统与建筑集成的内容。根据太阳能热水系统的类型，确定建筑的平面布局，并应具体说明太阳能热水系统的集热器、贮水箱、热交换设备、控制器等主要部件的安装布置位置和安装固定方式，并为太阳能热水系统的安装维护、使用保养提供基础条件。

实现太阳能热水系统与建筑结合，与建筑协调一致，不仅保持建筑统一和谐的外观、色调，还包括技术集成、管线布置和系统运行等方面。合理布置太阳能集热器。无论在屋面、阳台或在墙面都要使太阳能集热器成为建筑的一部分，实现两者的协调和统一。

建筑设计应包含太阳能热水系统与建筑集成的具体内容，设计文件应具体说明热水系统或热水系统集热器、贮水箱、控制器等主要部件的安装布置位置和安装固定方式，说明系统集热器、贮水箱、控制器等主要部件间连接管线的走向和敷设固定方式。

4.3.2 太阳能集热器是太阳能热水系统中重要的组成部分，一般设置在建筑屋面（平、坡屋面）、阳台栏板、外墙面上，或设置在建筑的其他部位，如女儿墙、建筑屋顶的披檐上，甚至设置在建筑的遮阳板、建筑物的飘板上等能充分接受阳光的位置。建筑设计需将所设置的太阳能集热器作为建筑的组成元素，与建筑整体有机结合，保持建筑统一和谐的外观，并与周围环境相协调，包括建筑风格、色彩。除太阳能集热器外，还有贮水箱和管路等部件，确定贮水箱的合适位置、管路的合理走向，竖向管路宜布置在管井中。

当太阳能集热器作为屋面板、墙板或阳台栏板时，应具有该部位的承载，保温、隔热、防水及防护功能。

4.3.5 建筑设计竣工图应有太阳能热水系统集热器和贮水箱安装布置图、安装节点大样图、节点连接件锚固大样图、预留孔洞和管道井位置及大样图、预埋件位置及大样图。

4.3.6 建筑设计根据选定的太阳能热水系统类型，确定集热器类型、安装面积、尺寸大小、安装位置与方式，明确贮水箱容积重量、体积尺寸、给水排水设施的要求；了解连接管线走向；考虑辅助能源及辅助设施条件；明确太阳能热水系统各部件的相对关系。然后，合理安排确定太阳能热水系统各组成部件在建筑中的空间位置，并满足其他所在部位防水、排水等技术要求。建筑设计应为系统各部件的安全检修提供便利条件。

太阳能热水系统与建筑一体化不仅体现在外观上，还包括在管路布置和在系统运行上。

太阳能热水系统与建筑结合，实际是太阳能技术与建筑技术的集成，建筑师必须充分利用当地的自然资源，包括太阳能资源和气象条件，将太阳能技术纳入建筑设计中，综合考虑建筑、结构、给水排水和电气专业的要求，进行技术优化以保证使用的安全性和适用性。要做到太阳能与建筑一体化，其核心是太阳能热水系统应纳入建筑工程设计，与建筑工程统一规划、同步设计、同步施工，与建筑工程同时投入使用，使太阳能热水系统与建筑完美结合。

4.3.7 建筑设计时应考虑在安装太阳能集热器的墙面、阳台或挑檐等部位，为防止集热器损坏而掉下伤人，采取必要的建筑构造措施如设置挑檐、入口处设雨篷或进行绿化种植等，使人不易靠近。

4.3.8 太阳能热水系统的管线应有组织布置，做到安全、隐蔽、易于检修。新建工程竖向管线宜布置在竖向管道井中，在既有建筑上增设太阳能热水系统或改造太阳能热水系统工程应做到走向合理，不影响建筑使用功能及外观。从太阳能集热器到贮水箱、从贮水箱到用水点热水管路要短且外侧要有保温措施，以减少热量损失。

4.3.9 在建筑构造详图中应详细表示集热器和贮水箱布置图及安装节点详图、管道井位置图、预留孔洞及预埋件位置，以保证集热器、贮水箱和管路的安装。当建筑为钢筋混凝土结构时，预埋件表示在结构图上，当建筑为砌体结构时，预埋件表示在建筑图上。

4.3.10 从接收太阳辐照量最多的角度考虑，集热器的最佳朝向应为正南。但有时因条件受限，集热器安装方位不能为正南向，需要偏东或者偏西。经计算，在偏东、偏西 30°时，集热器接收的全年太阳辐照量只减少了不到 5%。

4.3.11 对于不同地区，太阳能集热器安装的最佳倾角不仅会受到地理纬度的影响，还与当地的太阳辐射状况以及日照长短等因素有很大关系，与实际的热水负荷、集热面积等因素密切相关。对固定安装的集热器，最佳倾角的确定一般是考虑使系统使用期内总得热量最大。当然，对于东西向水平放置的全玻璃真空管集热器，安装倾角可适当增减；对于墙面上安装的各种太阳能集热器，更是一种特例了。实际安装角度和推荐角度相差在±5°范围内可认为与推荐角度一致。

4.3.12 在建筑设计施工图中，对建筑屋面坡度、管道井的位置、墙面装修线条分格有明确表示。屋面坡度在建筑剖面图、管道井位置在建筑平面图中均有表示。考虑施工的变更，通过检查建筑设计竣工图纸可以得到明确的答案，从中了解太阳能热水系统与建筑的关系，检查太阳能热水系统是否做到与建筑协调。

4.3.13 在建筑设计施工图中，对建筑屋面坡度、管道井的位置、墙面装修线条分格有明确表示。屋面坡度在建筑剖面图、管道井位置在建筑平面图中均有表示。考虑施工的变更，通过检查建筑设计竣工图纸可以得到明确的答案，从中了解太阳能热水系统与建筑的关系，检查太阳能热水系统是否做到与建筑协调。

4.4 结构设计

4.4.1 无论是新建、改建、扩建建筑，还是既有建筑，太阳能热水系统与建筑的主体结构连接牢固，确保太阳能热水系统抵抗风荷载、雪荷载、地震荷载，这是安全的保证。

4.4.3 安装太阳能热水器系统的主体结构必须具备承受太阳能集热器、贮水箱等传递的各种作用的能力（包括检修荷载），主体结构设计时应充分加以考虑。主体结构的承载力必须经过计算或实物试验予以确认，并要留有余地，防止偶然因素产生突然破坏。容积大的贮水箱应与所在的结构构件有可靠连接，同时宜计算水对建筑产生的附加地震作用效应。

4.4.4 轻质填充墙承载力和变形能力低，不宜作为太阳能集热器和贮水箱的支承结构。如在轻质填充墙上安装太阳能集热器应采取措施，并应经结构计算保证其承载能力。

4.4.5 既有建筑结构形式和使用年限各不相同，本条提出在既有建筑上增设太阳能热水系统必须经结构复核，是为保证结构本身的安全性。对既有建筑进行结构复核应有相关资质单位的复核文件。当经结构复核后认定不能安装时，严禁安装太阳能热水系统。

4.4.6 太阳能热水系统与建筑结构主体连接、预埋件位置、规格尺寸和穿墙管线位置、规格尺寸等都必须在建筑结构设计施工图中表示清楚，以满足太阳能热水系统的安装要求。

4.4.7 太阳能热水系统（主要是太阳能集热器和贮水箱）与建筑主体结构的连接，多数情况应通过预埋件实现，预埋件的锚固钢筋是锚固作用的主要来源，混凝土对锚固钢筋的黏结力是决定性的。因此预埋件必须在混凝土浇灌时埋入，施工时混凝土必须密实振捣。目前实际工程中，往往由于未采取有效措施来固定预埋件，混凝土浇筑时使预埋件偏离设计位置，影响与主体结构的准确连接，甚至无法使用。因此预埋件的设计和施工应引起足够的重视。

为了保证太阳能热水系统与主体结构连接牢固的可靠性，与主体结构连接的预埋件应在主体结构施工时按设计要求的位置和方法进行埋设。

当土建施工中未设预埋件，或预埋件漏放、预埋件偏离设计位置太远、设计变更，或既有建筑增设太阳能热水系统时，往往要使用后锚固螺栓进行连接。采用后锚固螺栓（机械膨胀螺栓或化学锚栓）时，应采取多种措施，保证连接的可靠性及安全性。

4.4.8 梁和柱都是建筑的承重结构，关系结构的安全。一般来说，太阳能热水系统管线不能穿越梁、柱，若管线穿越梁、柱，必须符合相应的结构设计规范的要求，如开洞的大小、位置等。

4.4.9 为了保证太阳能热水系统与主体结构连接牢固的可靠性，结构设计应参照太阳能热水系统供应商提出的预埋件规格、位置、材料等要求，并在施工图中表示出来。

4.4.10 对非抗震设防的地区，只需考虑风荷载，重力荷载以及温度作用；对抗震设防的地区，还应考虑地震作用。

经验表明，对于安装在建筑屋面、阳台、墙面或其他部位的太阳能集热器主要受风荷载作用，抗风设计是主要考虑因素。但是地震是动力作用，对连接节点会产生较大影响，使连接发生震害甚至使太阳能集热器脱落，所以除计算地震作用外，还必须加强构造措施。

4.5 给水排水设计

4.5.1 太阳能热水系统是建筑给水排水系统的组成部分，建筑给水排水设计应包含太阳能热水系统的设计，应提出关于太阳能保证率、供水温度、供水压力、供水水质、供水时间和供水量等具体的系统设计技术指标。

4.5.2 把太阳能热水系统纳入到建筑设计中统一设计，在热水供水系统设计中无论是供热水量、供水水温、供水水压、水质，还是设备管路、管材、管件都应符合现行国家标准《建筑给水排水设计规范》GB 50015 的要求。

4.5.3 本条强调在所有太阳能热水系统的横向管路中都应有一定的坡度，是为了有助于排除管内的空气。

4.5.4 本条强调循环管路朝贮水箱方向必须有向上坡度，不得有反坡，目的是为了保证自然循环系统能够正常运行。

4.5.5 本条强调管路的坡度应使系统中的水自动回流，不应积存，目的是为了保证回流防冻系统能够发挥正常功能。

4.5.6 设置在循环管路上的膨胀箱，是用于吸纳系统中传热介质受热后的体积膨胀量。本条强调在闭式间接系统的循环管路上设置压力安全阀而不设置单向阀等，都是为了确保系统运行的安全。

4.5.7 太阳能热水系统与建筑结合是把太阳能热水系统纳入到建筑设计当中来统一设计，因此，在热水供水系统设计中无论是太阳能集热器面积、水量、水温、水质还是设备管路、管材、管件都是建筑给水排水专业的设计范围，其应符合现行国家标准《建筑给水排水设计规范》GB 50415 的要求。

给水排水设计文件应通过太阳能热水系统图与必要的系统控制原理图和设备布置图，完整表达。

设计文件应有详细的系统设备和管线布置图、主要材料表。

设计文件应完整规范，设计说明应表述太阳能热水系统特点，说明系统设计选型的原因和理由，说明系统供热水量和系统集热器使用数量的计算依据，交代计算中使用数据的来源。

4.5.8 太阳能集热器的采光面积是根据热水用量，依据能量平衡公式或相关软件计算出来的，如 F-chart、Trnsys 或其他类似的软件进行精确计算，但是在实际工程中由于建筑结构所能提供安放集热器的地方有限，无法满足集热器计算面积的要求，因此最终太阳能集热器的面积要各专业相互配合来确定。

直接系统集热器面积可根据用户的每日用水量和用水温度由公式（4.5.8-1）确定，间接系统集热器总面积可按公式（4.5.8-2）确定。

$$A_C = \frac{Q_W C_W (t_{end} - t_i) f}{J_T \eta_{cd} (1 - \eta_L)} \quad (4.5.8\text{-}1)$$

式中 A_C——直接系统集热器总面积，m^2；

Q_W——日均用水量，kg；

C_W——水的定压比热容，kJ/（kg·°C）；

t_{end}——贮水箱内水的设计温度，°C；

t_i——水的初始温度，°C；

J_T——当地集热器采光面上的年平均日太阳辐照量，kJ/m^2；

f——太阳能保证率，%；根据系统使用期内的太阳辐照、系统经济性及用户要求等因素综合考虑后确定，宜为 30%～80%；

η_{cd}——集热器的年平均集热效率；根据经验取值宜为 0.25～0.50，具体取值应根据集热器产品的实际测试结果而定；

η_l——贮水箱和管路的热损失率；根据经验取值宜为 0.20～0.30。

$$A_{IN} = A_C \cdot \left(1 + \frac{F_R U_L \cdot A_C}{U_{hx} \cdot A_{hx}}\right) \quad (4.5.8\text{-}2)$$

式中 A_{IN}——间接系统集热器总面积，m^2；

$F_R U_L$——集热器总热损系数，$W/(m^2 \cdot °C)$；

对平板型集热器，$F_R U_L$ 宜取 4～6 $W/(m^2 \cdot °C)$；

对真空管集热器，$F_R U_L$ 宜取 1～2 $W/(m^2 \cdot °C)$；

具体取值应根据集热器产品的实际测试结果而定；

U_{hx}——换热器传热系数，$W/(m^2 \cdot °C)$；

A_{hx}——换热器换热面积，m^2。

当进行规划和建筑设计条件不允许，或者既有建筑拟安装太阳能集热器的围护结构（坡屋面、墙面、阳台）的朝向方位角和坡屋面的倾角，已经偏离一定方位角和倾角范围时，上述方法计算出的集热器总面积是不够的，此时就需要适当增加面积，但总面积不得超过其计算结果的一倍。

4.5.9 本条规定集热器之间应按“同程原则”连接成集热器阵列，就是要求每个集热器传热介质的流入路径与回流路径的长度相同，其目的是保证各集热器内的流动阻力相同，流量分配均匀，从而集热器阵列可达到最大的效率。

4.5.10 太阳能热水系统管线应布置在公共空间或竖向管井内且不得穿越其他用户室内空间，以免管线渗漏影响其他用户使用，同时也便于管线维修。

4.5.11 在既有建筑上增设或改造太阳能热水系统时，管线应布置合理，除满足太阳能热水系统要求外，还不能破坏和影响原有建筑的使用功能和外观，做到与建筑有机结合，协调统一。

4.5.12 本条强调的措施，是指用于补偿管路因温度变化产生的伸缩。当循环管路的直线距离较长时，管路的伸缩量是不可忽视的。

4.5.13 本条强调在循环管路中设置的各种阀门，是为了保证太阳能热水系统的长期正常运行。

4.5.14 本条强调在开式直接系统的循环管路中设置单向阀，是为了减少太阳能热水系统的散热损失。

4.5.15 为要尽量减少管路的流动阻力，本条强调循环管路应尽量短而少拐弯；为要尽量减少管路的散热损失，本条强调绕行的管路应是冷水管或低温水管。

4.5.16 生活热水的供热水量和水质是保证用户使用需求的基本要素，国家标准《建筑给水排水设计规范》GB 50015 中对如何确定供热水量给出了明确的用水定额和计算方法，以及对超标水质的处理，在进行生活热水系统设计时应严格遵守。但是太阳能在建筑能耗中占的比例，以及设置监测系统节能和环保效益的计量装置，由于诸多方面因素各工程不尽相同，有的项目也不一定设置，故也将其作为优选项。

4.5.17 当日用水量（按 60 °C 计）大于或等于 10 m^3 且原水总硬度（以碳酸钙计）大于 300 mg/L 时，宜进行水质软化或稳定处理。经软化处理后的水质硬度宜为 75 ~ 150 mg/L。水质稳定处理应根据水的硬度、适用流速、温度、作用时间或有效长度及工作电压等选择合适的物理处理或化学稳定剂处理。

4.5.18 发达国家通常都对太阳能热水和供暖采暖工程进行效益的长期监测，以作为对使用太阳能热水和供暖采暖工程用户提供税收优惠或补贴的依据。我国今后也有可能出台类似政策，所以，建议有条件的工程宜安装监测装置，如使用热水计量装置和热水耗热量装置，在系统工作运行后，进行系统节能、环保效益的长期监测。

4.5.19 太阳能热水系统获取热水的方法通常有顶水法和落

水法两种。从使用热水的舒适度以及防止贮水箱由于热水落空而可能造成的不良结果等两个因素考虑，本条推荐采用顶水法获取热水。

4.5.20 本条强调对太阳能热水系统所用泵、阀等运行时可能产生的振动、噪声和水击，均应采取减振、降噪和和防水击措施。

4.6 电气设计

4.6.2～4.6.3 对太阳能热水系统中使用电器设备的安全要求。建筑电气设计应包含太阳能热水系统供电、安全用电的内容。如果系统中辅助能源加热设备含有电器设备，其电器安全应符合现行国家标准《家用和类似用途电器的安全 第一部分 通用要求》GB 4706.1 和《贮水式电热水器的特殊要求》GB 4706.2 的要求。系统的电气管线应与建筑物的电气管线统一布置，集中隐蔽。

4.6.4～4.6.5 对安装在建筑物围护结构上的太阳能热水系统提出了防雷要求。太阳能热水系统安装后应能抵御雷电自然灾害，为此应按现行国家标准《建筑物防雷设计规范》GB 50057 要求进行防雷设计，用钢筋或扁钢与建筑物避雷网焊接。未处于建筑物避雷系统保护中的太阳能热水系统应有防雷设施。

既有建筑上增设太阳能热水系统时，如不处于建筑物上避雷系统的保护中，也应增设避雷设施。

建筑物的防雷设计，不但要解决建筑物的直接雷防护，还要解决各种金属管道、电源线路的防护。当太阳能集热器安装在建筑屋面，太阳能热水系统应处于建筑物防雷装置保护范围内，太阳能热水器在防雷范围内则与屋面防雷装置做等电位连接，否则应单独安装一套防雷装置，且独立避雷针与太阳能热水器之间应有 2～3 m 的距离，运用滚球法确定避雷针高度，并将热水器的金属支架做好接地处理。

4. 6. 7 建筑电气设计包括专用供电回路、剩余电流保护、管线敷设、防雷设施、控制系统设计等内容，这些内容在建筑电气设计施工图和竣工图中均应表达清楚。电气设计应通过供电系统图和防雷布置图表达太阳能热水系统与建筑技术集成的内容。

4. 6. 8 这是对太阳能热水系统中使用电器设备的安全要求。如果系统中含有电器设备，其电器安全应符合现行国家标准《家用和类似用途电器的安全第 1 部分：通用要求》GB 4706. 1 和《家用和类似用途电器的安全贮水式电热水器的特殊要求》GB 4706. 12 的要求。

4. 6. 9 系统的电气管线应与建筑物的电气管线统一布置，集中隐蔽。

5 系统适用性能评价

5.1 一般规定

5.1.2 太阳能热水系统适用性能的评价，既要考虑满足和提高系统的供水能力的要求，也要考虑满足供水品质的要求，以提高系统的适用性能。具体评价项目和分值见附录B。

5.2 供水能力

5.2.1 太阳能热水系统的基本功能是向用户提供符合其需求的生活热水，供热水的能力是系统是否适合用户使用的关键性能指标：主要包括供热水量、水温、水压是否适合用户的使用要求；太阳能热水系统是利用可再生能源的节能产品，为使系统既能满足用户的使用要求，又起到节能作用，就必须在集热器面积计算以及水箱容积配比、辅助热源供热量配置和适宜的太阳能保证率等重要参数的选择上进行合理设计，并设置热水计量装置；因此，这些参数也是衡量系统供水能力的评价指标。

5.2.2 国家标准《建筑给水排水设计规范》GB 50015中对如何确定太阳能热水系统的供热水量给出了明确的用水定额和计算方法，在进行生活热水系统设计时是严格遵守的；例如：热水用水定额按该标准中规定范围的下限取值。过去有很多太阳能热水工程在设计时，未按照该国家标准进行供热水量计算，造成由太阳能部分提供的供热水量不足；因此，交付用户使用的太阳能热水系统的供热水量应符合国家标准规定要求；将该条作为控制项评定指标。

太阳能热水系统的供水温度和供水压力是影响用户使用热水舒适度的重要因素，国家标准《建筑给水排水设计规范》GB 50015 中给出了热水供水温度的规定范围，应按该规定范围选取适宜的供水水温来进行系统设计；系统水压会影响系统水力平衡和稳定运行，是水泵选型和设置增压、减压设施的重要依据，必须按照标准要求设评，否则会造成系统不能正常运行；因此，交付用户使用的太阳能热水系统的供水水温和水压应符合国家标准规定要求；将该条作为控制项评定指标。

5.2.3 采用现行国家标准《民用建筑太阳能热水系统应用技术规范》GB 50364 规定的公式计算确定太阳能热水系统的太阳能集热器面积时，系统的太阳能保证率是需要预设的一个参数；太阳能保证率的取值和当地的太阳能辐射资源、气候条件、产品性能、用户需求和工程的预期投资额等影响因素有关，根据目前的产品性能和工程投资水平等相关条件，以及工程经验的总结，针对不同太阳能资源区的合理太阳能保证率取值应不低于本标准表 5.2.3 给出的数值，才能使系统真正发挥节能效益。因此，将该条作为控制项评定指标。

5.2.4 现行国家标准《建筑给水排水设计规范》GB 50015 中规定了不同热源条件下热水系统的最低贮热水容积，以保证在极端情况下仍能满足用户的热水需求；需要经验估算时，小型太阳能热水的贮水箱容积则是按每平方米太阳能集热器面积对应 40～100 L 贮水容积、根据产品性能和当地的太阳能资源条件合理计算选取的，需要精确计算时，通过相关模拟软件进行长期热性能分析得到。两种方法的计算结果会有差别，为确保用户用水，应选取两者之间的较大值，并合理配置水箱数量，以利于提高太阳能集热系统的效率。所以，交付用户使用的太阳能热水系统的贮水箱数量和容积应符合标准规定，将该条作为控制项评定指标。

5.2.5 热水计量是激励用户主动节水、节能的重要措施，在系统中安装热水表简便、经济、易行，因此，交付用户使用的太阳能热水系统应安装热水计量装置，将该条作为控制项评定指标。

5.2.6 本条是为鼓励房地产商和业主增加对太阳能热水的投资、选用性能好的产品，以提高太阳能热水系统的节能效益。太阳能保证率等于表中所列数值时，评定为“较好”，比表中所列数值提高 5%以上评定为“好”，比表中所列数值提高 10%以上评定为“很好”。

5.2.7 在太阳能热水系统中安装“热量表”等装置，可以计量用于加热热水的耗热量，并进一步得出能源消耗量，从而鼓励用户的主动节能行为。由于采暖热计量在我国逐渐推广，“热量表”等计量热量装置的价格已大幅下降，给安装使用带来便利条件，因此，交付用户使用的太阳能热水系统宜安装用于计量热水耗热量的装置。

5.2.8 太阳能集中热水供应系统设置不少于两套的辅助热源设备，当一套设备出现故障或需要检修时，另一套设备仍可以不少于50%系统耗热量的供热能力向用户提供热水，从而保证热水系统的供水能力，提高用水质量。医院对稳定供水的要求更高，所以，医院另一套设备的供热能力应不少于60%。

5.2.9 在太阳能热水系统的太阳能集热系统和热水供应系统上分别安装热量表等热计量装置，可以同时得出由太阳能集热系统收集的有用得热量（集热量）、加热热水的耗热量和系统太阳能保证率等重要性能参数，可为政府提供的相关优惠政策提供定量依据，以鼓励可再生能源的应用。公共和住宅建筑（单栋独户的私家住宅及单栋独户的别墅宜除外）太阳能热水系统应根据管理及使用要求，安装与用户数量相匹配的计量装置。

5.3 供水品质

5.3.1 太阳能热水系统的供水品质会直接影响用户使用热水的舒适度和用户健康。其中：供水水质涉及用水人员的身体健康，系统控制、保温措施和配水点水压涉及用户用水的舒适度。

5.3.2 太阳能热水系统的水质、特别是卫生指标，是直接关系用热水人员身体健康的重要影响因素。现行国家标准《建筑给水排水设计规范》GB 50015 中规定："生活给水和热水水质的卫生指标应符合现行国家标准《生活饮用水卫生标准》GB 5749 的规定"，因此，将该条作为控制项评定指标。

5.3.3 太阳能集热系统的运行控制会直接影响系统可以收集

获取的太阳能有用得热量，集热系统和辅助热源工作运行的自动切换控制会影响系统的热水供水温度和系统的节能效益；一个设计合理的太阳能热水系统应该在保证满足用户需求的前提下，通过自动控制和自动切换系统优先使用太阳能，以使太阳能热水系统真正起到节能作用。因此，将该条作为控制项评定指标。

5.3.6 在太阳能热水系统中设置保证支管中热水温度的措施，可以提高供水品质，进一步提高系统的节水性。

6 系统安全性能评价

6.1 一般规定

6.1.2 太阳能热水系统安全性能从设备安全、运行安全和安全防护措施3个评价项目，对安全性能进行评价。具体评价项目和分值见附录C。

6.2 设备安全

6.2.1 为保证太阳能集中热水系统的安全性，首先要保证系统中使用设备的安全性，其中最重要的设备是太阳能集热器；现行国家标准:《平板型太阳能集热器》GB/T 6424、《真空管型太阳能集热器》GB/T 17581和《家用太阳能热水系统技术条件》GB/T 19141对太阳能集热器和家用太阳能热水的安全性能指标作出了详细规定，主要包括安全性能、电气设备的安全性能和抗雪荷载、抗冰雹、抗震能力；系统的安全性依赖于使用安全性能符合国家标准规定的设备。

6.2.2 耐压、刚度、强度、闷晒、空晒、内、外热冲击、淋雨、耐冻和耐撞击是太阳能集热器机械安全性能的评价指标，在现行国家标准:《平板型太阳能集热器》GB/T 6424和《真空管型太阳能集热器》GB/T 17581给出了对上述指标的安全性技术要求，只有符合标准规定技术要求的产品才是机械安全性合格的产品。国内目前已经有国家级和地方级国家实验室认证认可的若干质量检验检测机构，可以满足产品检测的要求，因此要求在工程中应用的产品必须有通过法定质检机构检测的合格证书，以保证使用合格产品。

家用太阳能热水系统（通常也称之为“太阳能热水器”）是由企业在工厂生产直接提供的成套产品，施工现场的安装工作量较小；现行国家标准《家用太阳能热水系统技术条件》GB/T 19141 中给出了对该产品机械安全性能(包括耐压、刚度、强度、闷晒、空晒、内、外热冲击、淋雨、耐冻和耐撞击）的技术要求，作为成套产品，其机械安全性能可以通过实验室检测得出，因此，要求在工程中应用的产品必须有通过法定质检机构检测的合格证书，以保证使用合格产品。

6.2.3 为了保障太阳能热水系统的使用安全，本条强调了对构成建筑物屋面、阳台和墙面的集热器的各项要求。

6.2.4 为了保障太阳能热水系统的使用安全，本条强调了对架空在建筑屋面以及附着在阳台上和在墙面上的集热器的各项要求。

6.2.5 为防止因冬季下雪形成的雪荷载对太阳能集热器或支架造成损坏，影响系统的工作运行，制定本条加以规范。

6.2.6 为防止因冰雹撞击使太阳能集热器或支架损坏，影响系统的工作运行或因真空管损坏玻璃碎片掉落造成人身伤害，确定本条加以规范。

6.2.7 目前有部分太阳能热水系统在室外设置的水箱材质过差、相壁过薄，遇有大风就会造成箱体变形或损毁掉落；所以，要求系统中设置在室外的水箱应有足够的抗风能力，在大风发生时，不致变形或损坏掉落。

6.2.8 系统故障或长时间不用时，集热器会处于空晒状态，此时集热器内的温度很高，甚至可能超过 200 °C，如果传感器不能耐受最高空晒温度而被损坏，将会影响系统的工作运行，以及因频繁更换传感器而增加维修费用，因此，制定本条加以规范。

6.2.10 严寒地区的极端最低气温常常会低于国家标准耐冻实验要求的最低温度，即使是通过耐冻实验的合格产品，在严寒地区安装使用时，也可能发生冻害；所以，对在严寒地区使用的太阳能热水系统，宜对其系统中选用的太阳能集热器、阀门等部件提高耐冻能力的要求。

6.3 运行安全

6.3.1 除了选用符合安全性能要求的设备产品外，还需保证系统在工作运行过程中的安全，才能真正确保系统的安全性，使系统正常工作，并且不会危及人身安全；运行安全的评价指标主要涉及系统耐压、防冻、过热保护和电气安全。

6.3.2 不同类型系统的设计工作压力是不同的，一旦在设计时确定了系统的工作压力，系统中的全部设备、部件和管路都应保证在这一压力下不致损坏，以使系统能够正常工作；检验系统承受能力的方法是做水压试验，所以，将该条定为控制项。

6.3.3 太阳能热水系统的太阳能集热器及配套管路、附件等是安装在室外环境中，系统中的水在气温低于 0 °C 时有可能发生冻结，从而对设备、管路、附件等造成破坏，影响系统的正常运行工作；为避免当地罕见极端低温气候突发，所以规定在气温可能低于 5 °C 的地区就必须对交付用户使用的太阳能热水系统采用适宜的防冻措施，并将该条作为控制项。

6.3.4 太阳能热水系统如果在设计时没有设置适宜的过热保护措施，系统因设备故障停止循环或因用户的因素长期没有热水消耗等情况发生时，会造成贮热水箱中的水温过高甚至沸腾，或水在集热器内被长期闷晒产生高温蒸汽，破坏系统管路或危及人身安全，因此，交付用户使用的太阳能热水系统必须采用了适宜的过热保护措施，并将该条作为控制项。

6.3.5 太阳能热水系统为防止因发生过热造成系统的破坏，会在系统中设置安全阀等部件，但必须重视安全阀的安装位置，安装位置应该既能起到系统泄压的作用，又不致让排放的热水或蒸汽危及人身安全，所以将该条作为控制项。

6.3.6 防冻液的浓度配比应保证系统在处于安装地点的极端最低温度时仍不会凝固，否则，将影响系统的正常工作运行。

6.3.7 通常情况下是采用电加热设备来做太阳能热水系统中的内置辅助加热系统，为防止漏电伤人等情况的发生，必须加设保证使用安全的措施，并将该条作为控制项。

6.3.8 必须保证太阳能集热系统的管路安装有一定的坡度，才能使太阳能集热系统在室外部分的水能完全排回室内水箱，实现防冻的目的。

6.3.9 因各种突发情况，太阳能集热系统有可能发生闷晒，防冻液如因不能耐受太阳能集热器的最高闷晒温度而变质，将会影响系统在冬季运行时的防冻功能，破坏系统设备，使系统不能正常工作。

6.3.10 为防止系统过热可能造成贮水温度过高而危及人身安全，需要在说明书中预先对用户进行提醒，以避免事故的发生。

6.3.11 自动温控装置是采用排空、排回措施进行系统防冻的关键设备，如果自身没有相应的防冻能力，因低温环境造成损坏而不能工作，就无法执行对系统中的水进行排空或排回，进而影响系统的正常工作。

6.3.12 在使用说明书中包含防冻、防过热控制系统的使用说明，会方便用户对系统的管理，保证系统的安全和正常工作。

6.4 安全防护措施

6.4.1 系统的安全防护措施主要包括两个方面：一是对系统本身的安全防护措施，有系统的防风、防雷等措施；二是对因系统或部件损坏而可能造成的人身伤害进行防护的措施，有防热水渗漏、防部件坠落伤人等措施，以及在系统安装过程中避免危及施工人员安全的防护措施。

6.4.2 太阳能热水系统中的太阳能集热器、配套管路及附件等均安装在室外，如果防风措施设计不当，会因风力的影响造成设备、部件损坏甚至发生损坏后的部件被风吹落伤人的事故，因此，该项为控制项。

6.4.3 在结构上妥善解决太阳能热水系统的安装问题，有防震要求的支、吊架，应按防震要求采取防震措施。提高太阳能热水系统与建筑物共同抵御地震等自然灾害的能力。

6.4.4 安装在建筑外围护结构表面的太阳能集热器，如果因为突发原因被损坏，会造成集热器在的高温水渗漏，为避免烫伤人的事故发生，应该在建筑设计和系统设计时考虑相应的措施进行防护，因此，将该条作为控制项。

6.4.5 太阳能集热器因突发原因造成损坏，被损坏部件有可能坠落伤人，在进行建筑设计时，必须考虑相应的防护措施，以防事故发生，所以，该条为控制项。

6.4.6 支承系统的钢结构支架与建筑物接地系统可靠连接，是为防止万一发生漏电事故时不致危及人身安全，所以，该条为控制项。

6.4.7 本条的制定是为强调在设计系统的防风、抗风措施时，应该尽可能调研掌握当地历史可能达到的最大风力，并以此为依据进行设计，以提高系统的防风、抗风安全性。

6.4.8 太阳能热水系统中的集热器等设备是安装在建筑的外围护结构表面，在施工安装或进行维修时，会给作业人员带来一定的危险，如果在建筑设计时考虑了保证作业人员操作的安全措施，就可以大大降低人员操作的不安全因素，减少人身伤亡事故的发生。

6.4.9 本条是为强调在既有建筑上安装的太阳能热水系统必须要有相应的防雷措施，或者置于既有建筑原有的防雷系统保护下，或者按相关标准要求增设避雷措施。

7 系统耐久性能评价

7.1 一般规定

7.1.1 太阳能热水系统耐久性能的评价包括：与主体结构施工、主要设备安装、辅助设备安装等三个方面。本条强调为要使系统长期可靠地运行，必须保证系统主要设备和辅助设备安装施工的质量，其中还特别提出了主要设备的设计使用寿命要求。

7.2 与主体结构施工

7.2.5 本条强调太阳能集热器和贮水箱支架的刚度、强度、防腐蚀性能等，均应满足安全要求。

7.2.6 支架在主体结构上的安装位置不正确或者固定不牢靠，都将造成支架偏移，本条对此加以强调。

7.2.7 一般情况下，太阳能热水系统的承重基座都是在屋面结构层上现场砌（浇）筑。对于在既有建筑上安装的太阳能热水系统，需要刨开屋面面层后再做基座，因此将破坏原有的防水结构。本条强调在基座完工后，被破坏的部位应重做防水处理。

7.2.8 由于贮水箱注满水后的重量将大大增加，因此本条对贮水箱基座的制作要求加以强调，以确保安全；另外，随着贮水箱内水温不断升高，很容易通过贮水箱基座向预埋件传热，增加贮水箱的散热损失，因此要求在预埋件与贮水箱基座之间采取热桥隔断措施。

7.2.9 实际施工中，基座顶面预埋件的防腐多被忽视，本条对此加以强调。

7.3 主要设备安装

7.3.2 为保证太阳能热水系统的质量，本条特别强调系统所用集热器产品的性能应符合现行国家标准《真空管型太阳能集热器》GB/T 17581 和《平板型太阳能集热器》GB/T 6424 规定的要求。其中，集热器的热性能应有通过计量认证的法定检测机构提供的检测报告，证明其符合国家标准规定的技术指标。

7.3.3 为保证太阳能热水系统的质量，本条强调系统所用集热器以外的所有部件、配件、材料及其性能等均应符合设计要求，且产品合格证齐全

7.3.4 实际应用中，不少贮水箱采用钢板焊接。因此，有必要对内、外壁，尤其是内壁的防腐提出要求，以确保不危及人体健康并能承受热水温度。

7.3.5 根据现行国家标准《民用建筑太阳能热水系统应用技术规范》GB 50364 的规定，系统中主要部件的正常使用寿命应不少于 10 年。系统的主要部件包括集热器、贮水箱、支架等。在正常使用寿命期间，允许有主要部件的局部更换以及易损件的更换。

7.3.6 不同厂家生产的集热器，集热器与集热器之间的连接方式可能不同。本条对此加以强调，以防止连接方式不正确出现漏水。

7.3.7 保温材料变形、发霉、变质、释放污染物质等，不仅会影响集热器的热性能，而且还会对环境造成污染。比如用于隔热体的保温材料不得使用石棉和含有氯氟烃（CFCS）类的发泡物质。

7.3.8 本条强调太阳能热水系统使用的金属管道材质应和建筑给水管道材质匹配，以避免在不同电动势材料之间产生电化学腐蚀。

7.3.9 根据现行国家标准《民用建筑太阳能热水系统应用技术规范》GB 50364 的规定，系统中主要部件的正常使用寿命应不少于 10 年。系统的主要部件包括集热器、贮水箱、支架等。在正常使用寿命期间，允许有主要部件的局部更换以及易损件的更换。

7.3.10 本条强调贮水箱应先进行检漏，后进行保温，且应按照现行国家标准规定的要求，保证保温质量。对于非承压水箱的检漏试验，可以将水箱装满水，放置 24h 后，用肥皂水涂抹所有缝隙和接头部位，以没有产生任何气泡为合格。对于承压水箱的检漏试验，应参照压力容器检漏标准进行。

7.3.11 本条强调贮水箱与其底座之间应设有隔热垫，若直接刚性连接，将增加贮水箱的热损失。

7.3.12 现行国家标准《建筑防腐蚀工程施工及验收规范》GB 50212 和《建筑防腐蚀工程施工质量验收规范》GB 50224 规定了钢结构支架表面防腐处理的技术要求。本条限于篇幅，引用了以上现行国家标准的相关规定。

7.4 辅助设备安装

7.4.2 现行国家标准《建筑电气工程施工质量验收规范》GB 50303 具体规范了电加热器的安装要求。本条限于篇幅，引用了以上现行国家标准。

7.4.3 现行国家标准《电气装置安装工程电缆线路施工及验收规范》GB 50168 规范了各种电缆线路的施工。本条限于篇幅，引用了以上现行国家标准。

7.4.4 现行国家标准《建筑电气工程施工质量验收规范》GB 50303 规范了各种电气工程的施工。本条限于篇幅，引用了以上现行国家标准的相关规定。

7.4.5 从安全角度考虑，本条强调所有电气设备和与电气设备相连接的金属部件都应作接地处理。本强调了电气接地装置施工的质量。

7.4.6 本条强调了太阳能热水系统的支架应按设计图纸要求带作，注意整体美观，并强调钢结构支架的焊接应符合相关规范的要求，保证焊缝焊透、焊牢，不能有夹渣、咬边、未焊透等焊接缺陷。

7.4.7 现行国家标准《建筑给水排水及采暖工程施工质量验收规范》GB 50242 规范了各种管路施工要求。太阳能热水系统的管路施工与现行国家标准《建筑给水排水及采暖工程施工质量验收规范》GB 50242 相同。本条限于篇幅，引用了以上现行国家标准，对太阳能热水系统管路的施工加以规范。

7.4.8 为防止管路漏水，本条对此加以强调。

7.4.9 本条强调管路应先进行检漏，后进行保温，且应按现行国家标准的要求保证保温质量。

7. 4. 10 本条强调了水泵安装的质量要求。

7. 4. 11 本条强调了水泵的防雨和防冻。

7. 4. 12 实际安装中，容易出现水泵、电磁阀、阀门等安装方向不正确的现象，本条对此加以强调。

7. 4. 13 本条强调了电磁阀安装的质量要求。

7. 4. 14 现行国家标准《建筑给水排水及采暖工程施工质量验收规范》GB 50242 规范了额定工作压力不大于 1.25 MPa、热水温度不超过 130 °C 的整装蒸汽和热水锅炉及辅助设备的安装，规范了直接加热和热交换器及辅助设备的安装。本条引用上述标准。

7. 4. 15 现行国家标准《钢结构工程施工质量验收规范》GB 50205 规定了钢结构支架焊接的技术要求。本条限于篇幅，引用了以上现行国家标准的相关规定。

8　系统经济性能评价

8.1　一般规定

8.1.1　太阳能热水系统经济性能的评价包括：节能、节水、节地等三个方面，其中节能的重要性是三项之最，包括系统的投资回收期，所以分值最高。

8.2　节　能

8.2.4　系统按节能计算的投资回收期，是指因使用太阳能热水系统而每年节省常规能源消耗费用的总和与系统的建造费用相等的年限。只有按节能计算的投资回收期低于或等于主要部件的正常使用年限，该系统才有节能效益。

8.2.7　太阳能集热器在低水温运行条件下具有较高的效率。从节能角度出发，控制系统应设计有这样的功能：每天只要有一定的太阳辐照，就应让太阳能集热器系统优先、充分地工作；当最终水温达不到使用要求时，才启动辅助能源加热设备。

8.2.8　《工业设备及管道绝热工程质量检验评价标准》GB 50185 规范了供热水管路的施工要求。本条限于篇幅，引用了以上现行国家标准的相关规定。

8.2.9　为有利于节能，太阳能热水系统应设置专用管道供电回路，并设有相应的电计量装置。

8.2.10　在第 8.2.7 条的基础上，辅助能源加热设备若设计为可分时段预设启动控制、温度上限可调节等智能模式，不仅具有更好的节能效果，而且可以较好地满足使用的要求。

8.2.11 根据建设地点的太阳能资源和太阳能热水系统的热性能，计算出系统的理论全年得热量，再按评价时当地的电价，可以计算出系统的投资回收期。从我省的具体情况出发，结合不同地区的太阳能资源分布提出合理的系统的投资回收期。在太阳能资源丰富区，其简单投资回收期宜在 5 年以内，资源较丰富区宜在 8 年以内，资源一般区宜在 10 年以内，资源贫乏区宜在 15 年以内。

8.3 节 水

8.3.2 设置合理、完善的供水、排水系统，是保证太阳能热水系统正常运行的重要前提。

8.3.3 集中供热水系统包括干管和立管，保证这些管路中的热水循环，可以避免用户在取得热水之前排放掉管路中的大量冷水，造成不必要的浪费。

8.3.4 集中-分散供热水系统的管路包括干管、立管和支管等。热水供应管路保证干管和立管中的热水循环，可以避免用户在取得热水之前排放掉管路中的大量冷水，造成不必要的浪费。

8.3.5 直流式系统的进口冷水一般是自来水。直流式系统产生的剩余热水如果储存在贮水箱内，第二天的温度势必不能满足使用的要求，因此本条强调应有隔日剩余水利用的技术措施。

8.3.6 在系统中设有冷水和热水计量装置，是防止用水浪费是一项有效措施。现行国家标准《建筑给水排水设计规范》

GB 50015 对于系统的计量已作出有关规定。太阳能热水系统工程应设置冷、热水表。

8.3.7 集中供热水系统的用水浪费是一种常见现象，因而宜采用延时自闭龙头、感应自闭龙头和脚踏式开关等节水龙头。

8.3.8 集中-分散供热水系统的热水供应管路保证支管中的热水循环，可以避免用户在取得热水之前排放掉管路中的大量冷水，造成不必要的浪费。

8.4 节 地

8.4.2 在民用建筑中应用的太阳能热水系统，集热器应安装在建筑屋面、阳台、墙面等部位，严格要求集热器安装不得占用建筑物周围的公共场地。

8.4.3 在民用建筑中应用的太阳能热水系统，贮水箱应安装在建筑屋面、阳台、走廊、卫生间、阁楼间、地下室等处，严格要求贮水箱安装不得占用建筑物周围的公共场地。

8.4.4 一般来说，集热器可以安装在建筑屋面、阳台、墙面等部位。对于多层或高层的新建建筑，在计划将集热器安装在建筑阳台、墙面时，低层部位的日照可能受到遮挡。本条从节地的角度出发，强调不应为避免低层部位日照受遮挡而加大相邻建筑的间距。

8.4.5 本条的基本思想是，鼓励太阳能热水系统纳入建筑工程设计，做到统一规划，同步设计。在一定的规划用地范围内，要结合太阳能热水系统设计，确定建筑物朝向、日照标准、房屋间距、密度、建筑布局、道路、绿化和空间环境等组成有机的整体。